곡선과 곡면의

미분기하학

정승달 지음

KM 경문사

머리말

수학의 기원이 기하학이라고 해도 틀린 말은 아닐 것이다. Euclid 기하는 아직까지 유용하게 여러 분야에서 활용되고 있지만 학생들이 아주 흥미 있어 하지는 않는 것 같다. 더구나 대학교 수학과 교과과정에서도 기하학은 여전히 학생들이 어려워하는 과목이다. 왜일까? 많은 이유가 있겠지만 그 중의 하나가 교재의 다양성에 있다고 생각한다. 즉, 학생들의 수준에 맞는 교재의 선택이 어렵다는 것이다. 기하학은 다른 과목과는 특이하게 단순 계산보다는 정리들마다 공식마다 기하학적 의미 부여가 필수적이다. 굉장히 복잡하게 보이는 식들도 의미를 알면 흥미가 있어진다. 그렇지만 그 의미에 대한 설명이 학생들이 기하학을 어려워하는 이유가 되기도 한다. 학생들은 문제를 해결하는데 익숙해져 있는 것이다. 이런 어려움을 해결하기 위하여 많은 고민을 하다가 부족한 점이 많지만 강의하면서 학생들이 어려워하는 부분들과 재미있어 하는 부분들을 고려하여 본 교재를 집필하기로 하였다.

본 교재는 자기학습이 가능하도록 미분기하학에 필요한 기본지식인 선형대수 및 벡터에 대한 내용을 1장과 2장에 소개하였고, 3장과 4장은 곡선에 대한 내용을, 5장부터 8장까지는 곡면에 대한 내용을 다루고 있다. 전반적으로 내용을 쉽게 이해할 수 있도록 많은 그림들을 소개하였고, 학생들이 그림을 매스매티카로 직접 그려볼 수 있도록 매스매티카 프로그램을 그대로 표현하였다. 즉, 매스매티카 프로그램을 알지 못하는 학생들도 그림을 그려볼 수 있도록 하였다.

본 교재가 학부과정의 미분기하학, 특히 곡선 및 곡면에 대한 내용들을 충분히 전달하리라고는 생각하지 않는다. 나름대로 심혈을 기울였지만 부족한 부분들이 틀림없이 있을 것이라 생각한다. 다만 본 교재가 기하학을 공부하는데 조금이나마 도움이 되었으면 한다. 좀더 깊이 있는 내용을 알고자 하는 학생들은 참고문헌에 있는 참고서적들을 공부하면 큰 도움이 될 것이다. 본 교재는 한학기용으로도 1년용으로도 강의가 가능할 것이라 생각된다.

끝으로 좋은 교재로 발전되어져 갈수 있도록 독자들의 많은 조언을 기다리며 부족한 점이 많음에도 출판을 허락하여 주신 경문사 박문규사장님을 비롯하여 출판과정에 많은 도움을 주신 경문사 가족 여러분께 감사를 드린다.

2014년 2월 저자

차례

제1장

선형대수의 기본

DIFFERENTIAL GEOMETRY

1.1 벡터

실수의 집합을 R, 정수의 집합을 Z, 자연수의 집합을 N이라 하자.

정의 1.1

> 집합 V상에 두 연산 $+ : V \times V \rightarrow V$와 $\bullet : R \times V \rightarrow V$가 정의되어 있고, 임의의 $u,\ v,\ w \in V$와 $a,\ b \in R$에 대하여 다음과 같은 조건들
>
> (1) $(u+v)+w=u+(v+w)$ (associative law, 결합법칙)
>
> (2) $u+v=v+u$ (commutative law, 교환법칙)
>
> (3) $\exists\, 0 \in V,\ u+0=0+u=u$ (0: 연산 +에 대한 항등원)
>
> (4) $\exists\,(-u),\ u+(=u)=(-u)+u=0$ ($-u$: +에 대한 역원)
>
> (5) $a(bu)=(ab)u$ (associative law, 결합법칙)
>
> (6) $1 \bullet u=u,\ 0 \bullet u=0$
>
> (7) $(a+b)u=au+bu,\ a(u+v)=au+av$ (distributive law, 분배법칙)
>
> 을 만족할 때, $(V,\ +,\ \bullet)$를 **벡터공간**(vector space)이라고 하고, V의 원소를 **벡터**(vector)라고 한다. 그리고, 연산 +을 **벡터 합**(the sum of vector), 연산 $\bullet$ 을 **스칼라 곱**(scalar multiple)이라고 한다.

예제 1.2 $R^n=\{(v_1,\ \cdots,\ v_n) \mid v_j \in R\}$은 벡터공간이다. 왜냐하면, 임의의 두 원소 $v=(v_1,\ \cdots,\ v_n)$와 $w=(w_1,\ \cdots,\ w_n)$에 대하여 합 +와 스칼라 곱 $\bullet$을

$$v+w=(v_1+w_1,\ \cdots,\ v_n+w_n), \quad a \bullet v=(av_1,\ \cdots,\ av_n),\ a \in R$$

으로 정의하면, (1)~(7)을 모두 만족한다.

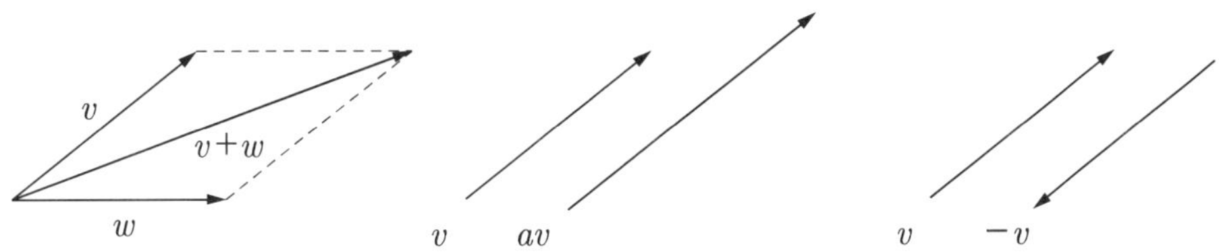

예제 1.3 집합 $R[x]=\{\Sigma_{k=0}^{\infty} a_k x^k \mid a_k \in R\}$은 벡터공간이다.

문제 1.4 $P_n[x]=\left\{\sum_{k=0}^{n} a_k x^k \mid a_n \neq 0,\ a_k \in R\right\}$는 벡터공간이 아님을 보여라.

앞으로 1장에서 특별한 언급이 없는 경우 V, W는 벡터공간을 나타낸다.

정의 1.5

임의의 실수 $a_1, \cdots, a_k \in R$에 대하여, $\{v_1, \cdots, v_k\} \subset V$가 다음 조건

"$a_1 v_1 + \cdots + a_k v_k = 0$일 때, $a_1 = \cdots = a_k = 0$"

을 만족하면 $\{v_1, \cdots, v_k\}$를 **일차독립**(linearly independent)이라고 한다. 또한 $a_i \neq 0$가 존재하여 $a_1 v_1 + \cdots + a_k v_k = 0$를 만족할 때, $\{v_1, \cdots, v_k\}$를 **일차종속**(linearly dependent)이라고 한다.

예제 1.6 R^2상의 두 벡터 $v=(1,\ 2)$와 $w=(3,\ -1)$는 일차독립이고 세 벡터 $u=(1,\ 1)$, $v=(-1,\ 2)$, $w=(3,\ 5)$는 일차종속이다. 실제로 R^2상에서 임의의 세 벡터는 반드시 일차종속이다.

정의 1.7

임의의 벡터 $v \in V$가 벡터 $\{v_1, \cdots, v_k\}$와 어떤 실수 $a_i \neq 0$에 의해

$$v = a_1 v_1 + \cdots + a_k v_k$$

으로 표현될 때, v는 $\{v_1, \cdots, v_k\}$의 **일차결합**(linear combination)이라 하고 $\{v_1, \cdots, v_k\}$는 V를 **생성**(span)한다고 하며

$$V = \text{span}\{v_1, \cdots, v_n\}$$

로 표시한다.

정의 1.8

벡터공간 V상에서 $\{v_1, \cdots, v_n\}$이 다음 두 조건

(1) $\{v_1, \cdots, v_n\}$은 일차독립, (2) $V = \text{span}\{v_1, \cdots, v_n\}$

를 만족할 때, $\{v_1, \cdots, v_n\}$를 벡터공간 V의 **기저**(basis)라고 한다. 이때 n을 V의 **차원**(dimension)이라 하고 $n = \dim V$로 나타낸다.

문제 1.9 R^2상의 두 벡터 $v = (1, 2)$와 $w = (3, -2)$가 기저임을 보여라. 또한 R^3상에서의 기저를 찾아보아라.

예제 1.10 R^n상에서 $e_1 = (1, 0, \cdots, 0), \cdots, e_n = (0, \cdots, 0, 1)$이라 둘 때, $\{e_1, \cdots, e_n\}$은 R^n의 기저이다. 이 기저를 **표준기저**(standard basis)라 한다.

기호 행렬 A에 대하여 $sgn\det A$는 $\det A$의 부호를 나타낸다. 즉, $sgn\det A = \pm 1$이다. 여기서 $\det A$는 행렬 A의 행렬식의 값이다.

정의 1.11

벡터공간 V의 차원이 n일 때, 두 기저 $\{u_1, \cdots, u_n\}$과 $\{v_1, \cdots, v_n\}$에 대하여 $v_j = \sum_{k=1}^{n} a_{kj} u_j$이다. 이때 $\det(a_{kj}) > 0$이면 두 기저는 **같은방향**(same orientation)이라 하고 $\det(a_{kj}) < 0$이면 **반대방향**(opposite orientation)이라 한다.

예제 1.12 R^3상의 기저 $\{v_1 = (1,\ 1,\ 0),\ v_2 = (1,\ 0,\ -1),\ v_3 = (1,\ 1,\ 2)\}$와 표준기저 $\{e_1,\ e_2,\ e_3\}$는 서로 반대방향이다. 왜냐하면, $\det(e_1 e_2 e_3) > 0$이고 $\det(v_1 v_2 v_3) = -2 < 0$이기 때문이다.

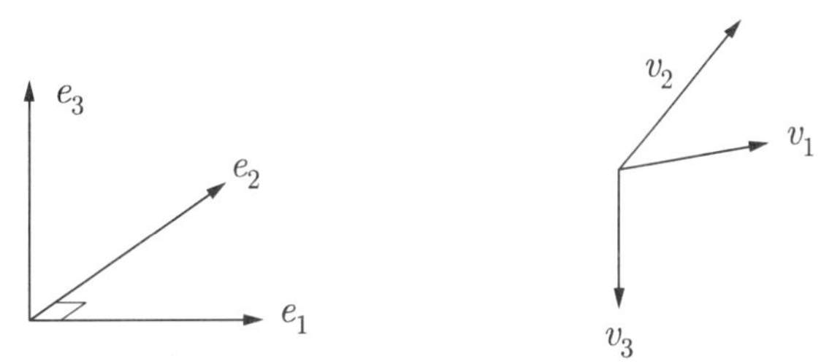

1.2 내적과 선형사상

정의 1.13

벡터공간 V상에서 정의된 함수 $\langle\ ,\ \rangle : V \times V \to R$가 임의의 벡터 $u,\ v,\ w$와 실수 $a,\ b$에 대하여 다음 세 조건

(1) $\langle u,\ v \rangle = \langle v,\ u \rangle$ (대칭성)

(2) $\langle u,\ av + bw \rangle = a\langle u,\ v \rangle + b\langle u,\ w \rangle$ (선형성)

(3) $\langle v,\ v \rangle \geq 0,\ "=" \Leftrightarrow v = 0$ (양의 정부호)

을 만족할 때, $\langle\ ,\ \rangle$을 V상에서의 **내적**(inner product)이라고 한다. 내적을 가진 벡터공간 V를 **내적공간**(inner product space)이라 한다.

정의 1.14

내적공간 V의 임의의 벡터 $v \in V$의 **길이**(norm, or length) $\|v\|$는

$$\|v\| = \sqrt{\langle v,\ v \rangle}$$

으로 정의된다.

예제 1.15 R^n상에서 두 벡터 $v = (v_1,\ \cdots,\ v_n)$, $w = (w_1,\ \cdots,\ w_n)$에 대해서

$$\langle v,\ w \rangle_R = \sum_{j=1}^{n} v_j w_j$$

은 내적이다. 그리고 R^n상에서의 벡터 $v = (v_1,\ \cdots,\ v_n)$의 길이는

$$\|v\| = \sqrt{\sum_{j=1}^{n} v_j^2}$$

이다.

정리 1.16

(Cauchy — Schwarz **부등식**) 임의의 $v,\ w \in V$에 대하여, 다음 부등식

$$|\langle v,\ w \rangle| \le \|v\| \|w\|$$

이 항상 성립한다. 여기서 등호가 성립할 필요충분조건은 v와 w가 일차종속일 때이다.

▎증명 임의의 실수 $t \in R$에 대하여

$$0 \le \|v + tw\|^2 = \|w\|^2 t^2 + 2\langle v,\ w \rangle t + \|v\|^2 \qquad (1.1)$$

이다. 따라서 이차부등식의 해의 판별식에 의해

$$\langle v,\ w \rangle^2 - \|v\|^2 \|w\|^2 \le 0$$

이므로 부등식이 증명된다. 그리고 부등식 (1.1)로부터 등식이 성립할 필요충분조건은 $v + tw = 0$이므로 v와 w는 일차종속이다. □

문제 1.17 R^n상에서의 두 벡터 $v = (v_1, \cdots, v_n)$, $w = (w_1, \cdots, w_n)$에 대하여

$$\langle v, w \rangle_R = \|v\| \|w\| \cos\theta \tag{1.2}$$

임을 증명하여라. 여기서 θ는 v와 w의 사이각이다. 따라서 R^n상에서

$$\|v\| \|w\| \cos\theta = v_1 w_1 + \cdots + v_n w_n$$

이 성립한다.

문제 1.18 R^n상에서 두 벡터 v, w가 직교할 필요충분조건은

$$\langle v, w \rangle_R = 0$$

임을 보여라.

정의 1.19

크로네커 심벌(Kronecker delta)은 다음과 같이 정의된다. 즉,

$$\delta_{ij} = \begin{cases} 1, & i = j \\ 0, & i \neq j \end{cases}.$$

정의 1.20

내적공간 V의 기저 $\{e_1, \cdots, e_n\}$가 다음 조건

$$\langle e_i, e_j \rangle = \delta_{ij}$$

을 만족할 때 $\{e_1, \cdots, e_n\}$를 **정규직교기저**(orthonormal basis)라 한다.

정리 1.21

내적공간상에서는 반드시 정규직교기저가 존재한다.

❙ 증명 Gram-Schmidt 직교화(orthogonalization)에 의해 증명된다. □

정리 1.22

내적공간 V상의 정규직교기저 $\{e_1, \cdots, e_n\}$에 대하여, 임의의 벡터 $v \in V$는

$$v = \sum_{i=1}^{n} \langle v, e_i \rangle e_i$$

으로 표현된다.

증명 연습문제. □

정의 1.23

함수 $F: V \to W$가 임의의 벡터 $v_1, v_2 \in V$와 실수 $a, b \in R$에 대하여

$$F(av_1 + bv_2) = aF(v_1) + bF(v_2)$$

일 때, F를 **선형사상**(linear map)이라 한다. $V = W$일 때 **선형변환**(linear transformation)이라 한다.

정리 1.24

선형변환 $F: V \to V$에는 행렬이 반드시 대응되고, 그 행렬은 기저의 선택에 종속하지만, 행렬식(determinant)과 대각성분의 합(trace)은 불변이다. 즉, 행렬 A와 B를 서로 다른 기저에 대응하는 행렬이라고 하면 $\det A = \det B$, $\operatorname{tr} A = \operatorname{tr} B$이다.

증명 두 기저의 변환행렬을 C라고 하면 $A = C^{-1}BC$이다. 따라서 행렬의 성질에 의해 성립한다. □

예제 1.25 함수 $F: R^2 \to R^2$, $F(x, y) = (2x + y, x + 3y)$는 선형변환이다. 따라서, $\{e_1, e_2\}$에 대응하는 행렬은 $A = \begin{pmatrix} 2 & 1 \\ 1 & 3 \end{pmatrix}$이고, $\{v_1 = (1, 2), v_2 = (-1, 1)\}$에 대응하는 행렬을 $B = \begin{pmatrix} a & b \\ c & d \end{pmatrix}$라 하면 $\begin{pmatrix} Fv_1 \\ Fv_2 \end{pmatrix} = \begin{pmatrix} a & b \\ c & d \end{pmatrix}\begin{pmatrix} v_1 \\ v_2 \end{pmatrix}$이다. 따라서 $B = \frac{1}{3}\begin{pmatrix} 11 & -1 \\ 1 & 4 \end{pmatrix}$이고 $\det A = \det B = 5$, $\operatorname{tr} A = \operatorname{tr} B = 5$임을 알 수 있다.

참고 함수 $F: V \to W$는 선형사상이고 $\{v_1, \cdots, v_n\}$과 $\{w_1, \cdots, w_m\}$는 각각 벡터공간 V와 W의 기저라고 하면,

$$\begin{pmatrix} Fv_1 \\ \vdots \\ Fv_n \end{pmatrix} = \begin{pmatrix} a_{11} \cdots a_{1m} \\ \vdots \\ a_{n1} \cdots a_{nm} \end{pmatrix} \begin{pmatrix} w_1 \\ \vdots \\ w_m \end{pmatrix}$$

로 표현할 수 있다. 특히, $\{w_1, \cdots, w_m\}$이 정규직교기저(orthonormal basis)라고 하면, $a_{jk} = \langle Fv_j, w_k \rangle$이다. 즉, 선형사상 $F: V \to W$에 대응하는 행렬 A는 $A = (\langle Fv_j, w_k \rangle)_{n \times m}$로 주어진다.

정의 1.26

선형변환 $F: V \to V$에 대하여, $\det A > 0$이면 F는 **방향보존**(orientation preserving), $\det A < 0$이면 **방향반대**(orientation reversing)라 한다.

정의 1.27

내적공간 V에서 정의된 선형변환 $F: V \to V$가 임의의 v, w에 대하여

$$\langle Fv, Fw \rangle = \langle v, w \rangle$$

일 때, F를 **직교변환**(orthogonal transformation)이라 한다.

정의 1.28

선형변환 $F: V \to V$에 대해서 $Fv = \lambda v$를 만족하는 벡터 $v(\neq 0)$가 존재할 때, λ를 F의 **고유치**(eigenvalue)라 하고, v를 고유치 λ에 대응하는 **고유벡터**(eigenvector)라 한다.

문제 1.29 선형변환 $F: R^2 \to R^2$, $F(x, y) = (2x + y, x + 3y)$의 고유치와 고유벡터를 구하여라.

문제 1.30 R^2상에서 선형변환 $J: R^2 \to R^2$를 $J(x, y) = (-y, x)$로 정의하면 다음이 성립한다.

(1) J는 직교변환이다. 즉, 임의의 벡터 $v, w \in R^2$에 대해

$$\langle Jv, Jw \rangle = \langle v, w \rangle \text{이다.}$$

(2) v와 Jv는 직교한다.

(3) $J^2 = -1$. 즉, 고유치는 $\pm i$이다.

(4) $\{v, Jv\}$는 $\{e_1, e_2\}$와 같은 방향이다.

1.3 외적

정의 1.31

R^3상의 두 벡터 $v = (v_1, v_2, v_3)$와 $w = (w_1, w_2, w_3)$의 **외적**(cross product) $\times : R^3 \times R^3 \to R^3$은 다음과 같이

$$v \times w = (v_2 w_3 - w_2 v_3, -v_1 w_3 + w_1 v_3, v_1 w_2 - w_1 v_2)$$

으로 정의된다. 형식적으로 외적은 다음과 같이 쓸 수 있다. 즉,

$$v \times w = \begin{vmatrix} e_1 & e_2 & e_3 \\ v_1 & v_2 & v_3 \\ w_1 & w_2 & w_3 \end{vmatrix}$$

이다. 여기서 기호 $|A| = \det A$이다.

예제 1.32 R^3상의 두 벡터 $v = (1, -2, 1)$, $w = (3, 5, 2)$에 대해 $v \times w$는

$$v \times w = \begin{vmatrix} e_1 & e_2 & e_3 \\ 1 & -2 & 1 \\ 3 & 5 & 2 \end{vmatrix} = \left(\begin{vmatrix} -2 & 1 \\ 5 & 2 \end{vmatrix}, -\begin{vmatrix} 1 & 2 \\ 3 & 2 \end{vmatrix}, \begin{vmatrix} 1 & -2 \\ 3 & 5 \end{vmatrix} \right) = (-9, 4, 11)$$

이다.

정의 1.33

R^3상에서 기저 $\{v_1, v_2, v_3\}$가 $\det(v_1 v_2 v_3) > 0$이면 **오른방향기저**(right handed basis)라 한다.

예제 1.34 R^3상에서 표준기저 $\{e_1 = (1, 0, 0), e_2 = (0, 1, 0), e_3 = (0, 0, 1)\}$는 오른방향기저이다.

정리 1.35

R^3상에서 다음과 같은 성질들이 성립한다.

(1) $u \times v = -v \times u$.

(2) $u \times v = 0 \Leftrightarrow u = \lambda v (\lambda \in R)$.

(3) $\langle u, v \times w \rangle = \det(u\ v\ w)$ (**벡터의 삼중적**, triple product).

(4) u, v는 각각 $u \times v$에 수직이다.

(5) $\langle u, v \times w \rangle = \langle v, w \times u \rangle = \langle w, u \times v \rangle$.

(6) (Lagrange **등식**)

$$\langle u_1 \times u_2, v_1 \times v_2 \rangle = \langle u_1, v_1 \rangle \langle u_2, v_2 \rangle - \langle u_1, v_2 \rangle \langle u_2, v_1 \rangle.$$

(7) $u \times (v \times w) = \langle u, w \rangle v - \langle u, v \rangle w$.

(8) 만약 u, v가 일차독립이면 $\{u, v, u \times v\}$는 오른방향기저이다.

증명 연습문제. □

정리 1.36

선형변환 $A : R^3 \to R^3$에 대하여 다음이 성립한다. 임의의 $u, v, w \in R^3$에 대하여

$$\langle Au, Av \times Aw \rangle = \det A \langle u, v \times w \rangle$$

이 성립한다.

증명 점 $u = (u_1\ u_2\ u_3)^t$를 열벡터로 생각하면

$$\begin{aligned}\langle Au,\ Av \times Aw \rangle &= \det(Au\ Av\ Aw) = \det(A(uvw)) \\ &= (\det A)(\det(uvw)) \\ &= \det A \langle u,\ v \times w \rangle\end{aligned}$$

이다. 여기서 (uvw)는 3×3 행렬이다. □

정리 1.37

R^3상의 임의의 두 벡터 v, w에 대하여

$$\|v \times w\| = \|v\|\,\|w\|\sin\theta.$$

여기서 $\theta = \angle(v,\ w)$이다. 따라서 $\|v \times w\|$는 두 변을 v와 w로 하는 평행사변형(parallelogram)의 면적이다.

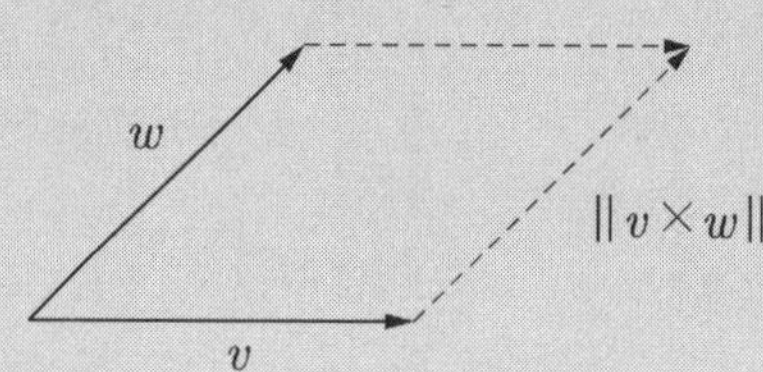

증명 Lagrange 등식과 (1.2)로부터

$$\begin{aligned}\|v \times w\|^2 &= \|v\|^2\,\|w\|^2 - \langle v,\ w \rangle^2 \\ &= \|v\|^2\,\|w\|^2(1 - \cos^2\theta) \\ &= \|v\|^2\,\|w\|^2\sin^2\theta\end{aligned}$$

이 증명된다. □

문제 1.38 삼중적의 절대값 $|\langle u,\ v \times w \rangle|$은 세 변을 u, v, w로 하는 **평행육면체**(parallelepiped)의 체적(volume)이다.

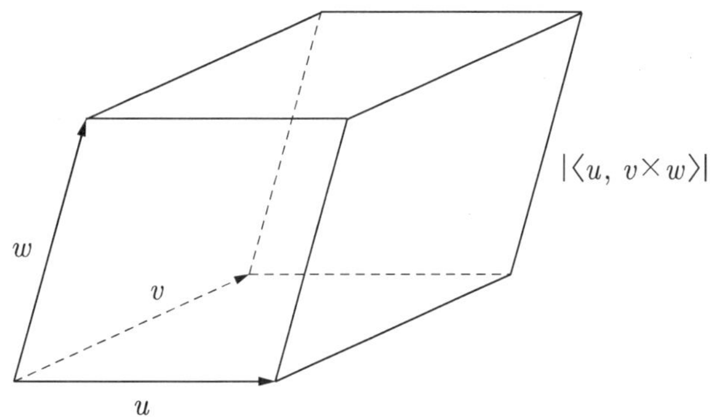

1.4 직선과 평면

정의 1.39

> R^n상의 점 p를 지나고 벡터 v에 평행한 **직선** l은
>
> $$l = \{p + tv \mid t \in R\}$$
>
> 이다. 여기서 v를 직선 l의 **방향벡터**(direction vector)라고 한다.

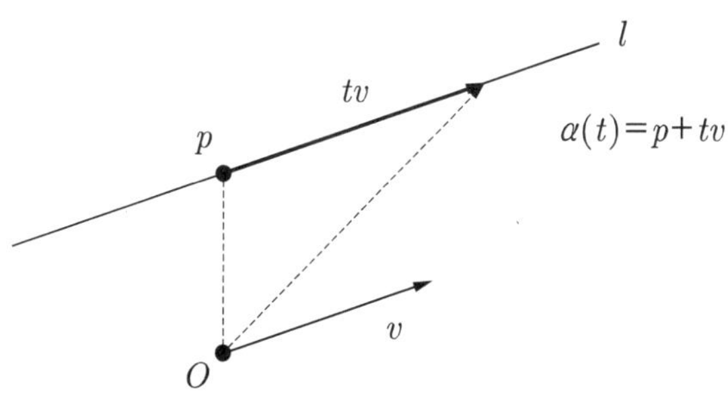

예제 1.40 R^n상의 두 점 p_1과 p_2를 지나는 직선의 방정식은

$$\alpha(t) = p_1 + tv$$

이다. 여기서 $v = p_1 - p_2$은 방향벡터이다.

문제 1.41 R^2상의 직선은 방정식 $ax+by+c=0$의 해집합이다. 또한 두 직선 $a_1x+b_1y+c_1=0$과 $a_2x+b_2y+c_2=0$이 서로 수직일 필요충분조건은 $a_1a_2+b_1b_2=0$임을 보여라.

정의 1.42

R^n상에서 점 p를 지나고 일차독립인 두 벡터 v와 w에 평행한 **평면**(plane) Π는

$$\Pi = \{p+sv+tw \mid s,\ t \in R\}$$

이다.

정리 1.43

R^n상의 한 직선위에 있지 않은 서로 다른 세 점 p_1, p_2, p_3를 포함하는 평면의 집합은

$$\{p_1+s(p_2-p_1)+t(p_3-p_1) \mid s,\ t \in R\}$$

으로 주어진다.

증명 p_2-p_1과 p_3-p_1은 일차독립이므로 정의 1.42로부터 얻어진다. □

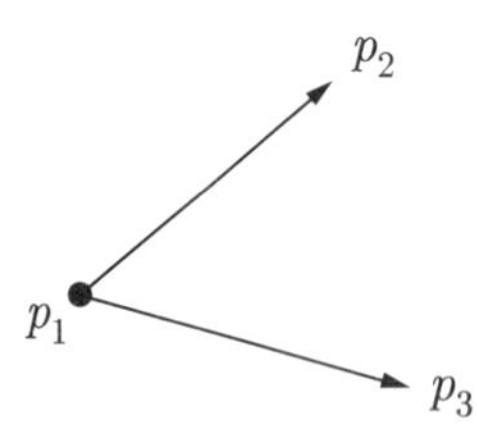

문제 1.44 R^3상의 점 p를 지나고 상수 벡터 $n(\neq O)$에 수직인 평면은

$$\{\mathbf{x} \in R^3 \mid \langle \mathbf{x}-p,\ n \rangle = 0\}$$

임을 증명하여라. 여기서 n을 평면의 **법벡터**(normal vector)라고 한다.

곡선과 곡면의

미분기하학

연습문제 풀이집

KM 경문사

곡선과 곡면의

미분기하학

연습문제 풀이집

KM 경문사

연습문제 풀이

제1장 선형대수의 기본

01 (⇒) 벡터 v, w가 직교한다고 하자. 그러면 $\langle v,\ w\rangle = 0$이다. 따라서

$$\begin{aligned}\|v+w\|^2 &= \langle v+w,\ v+w\rangle = \|v\|^2 + 2\langle v,\ w\rangle + \|w\|^2 \\ &= \|v\|^2 + \|w\|^2 \\ \|v-w\|^2 &= \langle v-w,\ v-w\rangle = \|v\|^2 - 2\langle v,\ w\rangle + \|w\|^2 \\ &= \|v\|^2 + \|w\|^2\end{aligned}$$

이므로 $\|v+w\| = \|v-w\|$이다.

(⇐) $\|v+w\| = \|v-w\|$라 하자. 양변을 제곱하면 $\|v+w\|^2 = \|v-w\|^2$이므로 전개하면 $\|v\|^2 + 2\langle v,\ w\rangle + \|w\|^2 = \|v\|^2 - 2\langle v,\ w\rangle + \|w\|^2$이므로 $4\langle v,\ w\rangle = 0$이다. 따라서 v와 w는 직교한다.

02 (⇒) 벡터 v, w가 직교한다고 하자. 즉, $\langle v,\ w\rangle = 0$이다. 따라서

$$\|v+w\|^2 = \|v\|^2 + 2\langle v,\ w\rangle + \|w\|^2 = \|v\|^2 + \|w\|^2 .$$

(⇐) 위의 식으로부터 역도 당연하다.

03

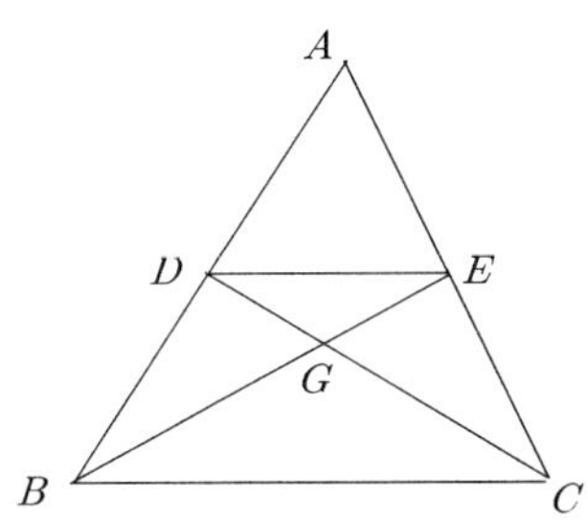

(방법 1) E와 D를 각각 선분 AC와 선분 AB의 중점이라 하자. 그러면 $\triangle GBC \sim \triangle \geq D$이고 닮음비는 $2:1$이다. 따라서 $EG : GB = 1:2$이다.

(방법 2) 벡터를 이용하자. 즉, $\overrightarrow{BC}+\overrightarrow{CG}=\overrightarrow{BG}$이다. 한편 $\overrightarrow{CG}=x\overrightarrow{CD}=x(\overrightarrow{CB}+\frac{1}{2}\overrightarrow{BA})$이고 $\overrightarrow{BG}=y\overrightarrow{BE}=\frac{y}{2}(\overrightarrow{BA}+\overrightarrow{BC})$이므로 다음과 같은 등식을 얻는다.

$$\overrightarrow{BC}+\overrightarrow{CG}=(1-x)\overrightarrow{BC}+\frac{x}{2}\overrightarrow{BA}$$

이고 $\overrightarrow{BA}$와 $\overrightarrow{BC}$는 일차독립이니까

$$1-x=\frac{y}{2},\ \frac{x}{2}=\frac{y}{2}$$

이므로 $x=\frac{2}{3}$, 즉 $CG=\frac{2}{3}CD$이다.

04 기저 $\{e_1, e_2, \cdots, e_n\}$을 V의 정규직교기저라 하자. 이때 임의의 원소 $v\in V$에 대하여 $v=a_1e_1+\cdots+a_ne_n$으로 표현된다 (a_i는 상수). 한편 $\langle e_i, e_j\rangle=\delta_{ij}$이므로

$$\langle v, e_i\rangle=a_1\langle e_1, e_i\rangle+\cdots+a_i\langle e_i, e_i\rangle+\cdots+a_n\langle e_n, e_i\rangle=a_i$$

이다. 따라서 $v=\sum_{i=1}^{n}a_ie_i=\sum_{i=1}^{n}\langle v, e_i\rangle e_i$이다.

05 (1) 자명하다.

(2) $u\times v=0 \Leftrightarrow u_2v_3=v_2u_3,\ u_1v_3=v_1u_3,\ u_1v_2=v_1u_2$

$\Leftrightarrow (u_1, u_2, u_3)=\lambda(v_1, v_2, v_3)$

(3) $\langle u, v\times w\rangle=u_1\begin{vmatrix} v_2 & v_3 \\ w_2 & w_3\end{vmatrix}-u_2\begin{vmatrix} v_1 & v_3 \\ w_1 & w_3\end{vmatrix}+u_3\begin{vmatrix} v_1 & v_2 \\ w_1 & w_2\end{vmatrix}=\begin{vmatrix} u_1 & u_2 & u_3 \\ v_1 & v_2 & v_3 \\ w_1 & w_2 & w_3\end{vmatrix}=\det(u\ v\ w)$

(4) $\langle u, u\times v\rangle=\begin{vmatrix} u_1 & u_2 & u_3 \\ u_1 & u_2 & u_3 \\ v_1 & v_2 & v_3\end{vmatrix}=0$ ($\because$ 행렬식의 정의)

같은 방법으로 $\langle v, u\times v\rangle=0$.

(5) (3)번으로부터 자명하다.

(6) 성분으로 직접 계산하여라.

(7) $u\times(v\times w)$는 $v\times w$와 수직이기 때문에 $u\times(v\times w)=av+bw\,(a, b\in R)$로 표현할 수 있다. 따라서

$$a\|v\|^2+b\langle v, w\rangle=\langle v\times u, v\times w\rangle,$$
$$a\langle v, w\rangle+b\|w\|^2=\langle v\times w, w\times u\rangle$$

따라서

$$a\|v\|^2\|w\|^2+b\langle v, w\rangle\|w\|^2=\langle v\times u, v\times w\rangle\|w\|^2$$
$$a\langle v, w\rangle^2+b\langle v, w\rangle\|w\|^2=\langle v\times w, w\times u\rangle\langle v, w\rangle$$

양변을 빼면 Lagrange 등식 (7)에 의해

$$a(\|v\|^2\|w\|^2-\langle v,\ w\rangle^2)=(\|v\|^2\|w\|^2-\langle v,\ w\rangle^2)\langle u,\ w\rangle$$

한편 $v,\ w$가 일차독립이므로 $\|v\times w\|\neq 0$이므로 $a=\langle u,\ w\rangle$. 또한 $b=-\langle u,\ v\rangle$이다.

(8) $u=(u_1,\ u_2,\ u_3),\ v=(v_1,\ v_2,\ v_3)$가 일차독립이라 하면

$$\det(u,\ v,\ u\times v)=\begin{vmatrix} u_1 & u_2 & u_3 \\ v_1 & v_2 & v_3 \\ \begin{vmatrix} u_2 & u_3 \\ v_2 & v_3 \end{vmatrix} & -\begin{vmatrix} u_1 & u_3 \\ v_1 & v_3 \end{vmatrix} & \begin{vmatrix} u_1 & u_2 \\ v_1 & v_2 \end{vmatrix} \end{vmatrix}=\begin{vmatrix} u_2 & u_3 \\ v_2 & v_3 \end{vmatrix}^2+\begin{vmatrix} u_1 & u_3 \\ v_1 & v_3 \end{vmatrix}^2+\begin{vmatrix} u_1 & u_2 \\ v_1 & v_2 \end{vmatrix}^2>0.$$

06 $\|v\pm w\|^2=\langle v\pm w,\ v\pm w\rangle=\langle v,\ v\rangle\pm 2\langle v,\ w\rangle+\langle w,\ w\rangle$

$$\begin{aligned}&\leq \langle v,\ v\rangle+2|\langle v,\ w\rangle|+\langle w,\ w\rangle\\ &\leq \|v\|^2+2\|v\|\|w\|+\|w\|^2\\ &=(\|v\|+\|w\|)^2\end{aligned}$$

$\therefore\ \|v\pm w\|\leq\|v\|+\|w\|$

07 (i) R^3상에서 3개의 벡터가 기저일 필요충분조건은 일차독립이기만 하면 된다. 따라서 3개의 벡터 $\{v_1,\ v_2,\ v_3\}$가 일차독립임을 보이면 된다. 이를 위해 $av_1+bv_2+cv_3=0$이라 하자. 그러면 $a-2b+c=0,\ 2a-c=0,\ a+2b+c=0$이므로 $a=b=c=0$이다. 따라서 기저이다.

(ii) $(6,\ 1,\ -2)=a(1,\ 2,\ 1)+b(-2,\ 0,\ 2)+c(1,\ -1,\ 1)$이라 하자. 그러면 $a-2b+c=6, 2a-c=1,\ a+2b+c=-2$이고 이를 풀면 $a=1,\ b=-2,\ c=1$이다. 따라서 $w=v_1-2v_2+v_3$이다.

08 마름모의 두 변을 벡터로 표현한 것을 $v,\ w$라 하자. 그러면 $\|v\|=\|w\|$이다. 더구나 두 대각선의 벡터 표현은 $v+w,\ v-w$이다. 따라서 $v+w$와 $v-w$가 수직임을 보이면 된다. 실제로

$$\langle v+w,\ v-w\rangle=\|v\|^2-\|w\|^2=0$$

이므로 수직이다.

09 (1) $\langle w-P_v(w),\ v\rangle=\langle w-\dfrac{\langle v,\ w\rangle}{\|v\|^2}v,\ v\rangle=0$

(2) 직접 계산하여라.

10 (대우) $v\times w=0\Leftrightarrow v=\lambda w(\lambda\neq 0)\Leftrightarrow v,\ w$는 일차종속이다.

11 (1) 대칭성

$$\langle f,\ g\rangle=\int_{-1}^{1}fg\,dx=\int_{-1}^{1}gf\,dx=\langle g,\ f\rangle$$

(2) 선형성

$$\langle f,\ ag+bh\rangle = \int_{-1}^{1} f(ag+bh)\,dx = a\int_{-1}^{1} fg\,dx + b\int_{-1}^{1} fh\,dx$$
$$= a\langle f,\ g\rangle + b\langle f,\ h\rangle$$

(3) 양의 정부호

$$\langle f,\ f\rangle = \int_{-1}^{1} f^2\,dx \geq 0$$
$$\langle f,\ f\rangle = 0 \Leftrightarrow \int_{-1}^{1} f^2\,dx = 0 \Leftrightarrow f = 0$$

12 (실수배)

$a=\dfrac{1}{3}$ 이라하면 $\dfrac{1}{3}\sum_{k=0}^{\infty} a_k x^k = \sum_{k=0}^{\infty} \dfrac{1}{3} a_k x^k$ 인데 $\dfrac{1}{3}a_k \not\in Z$이므로 벡터공간이 아니다.

13 $\dfrac{\sqrt{2}}{3}$

제2장 R^n 상의 기본정리

01 $df(v_p) = \dfrac{d}{dt} f(p+tv)\Big|_{t=0} = v_p[f]$

02 (i) $f(x,\ y,\ z) = xyz$

$f(p+tv) = f((2,\ 0,\ -1) + t(2,\ -1,\ 3)) = (2+2t)(-t)(-1+3t)$

$f'(p+tv) = 2(-t)(-1+3t) - (2+2t)(-1+3t) + 3(2+2t)(-t)$

$\therefore\ v_p[f] = 2$

(ii) $f(x,\ y,\ z) = x^4 y$

$f(p+tv) = (2+2t)^4(-t)$

$f'(p+tv) = 8(2+2t)^3(-t) - (2+2t)^4$

$\therefore\ v_p[f] = -16$

(iii) $f(x,\ y,\ z) = e^x \cos y$

$f(p+tv) = e^{2+2t}\cos t$

$f'(p+tv) = 2e^{2+2t}\cos t - e^{2+2t}\sin t$

$\therefore\ v_p[f] = 2e^2$

03 $\nabla_{v_p}\mathrm{x} = \frac{d}{dt}\mathrm{x}(p+tv)\Big|_{t=0}$

$$= \left(\frac{d}{dt} x_1(p+tv)\Big|_{t=0},\ \cdots,\ \frac{d}{dt} x_n(p+tv)\Big|_{t=0} \right)$$

$$= \left(\frac{\partial x_1}{\partial x_1}(p)v_1,\ \cdots,\ \frac{\partial x_n}{\partial x_n}(p)v_n \right)$$

$$= v_p$$

04 (i) $Y[f] = \langle \nabla f,\ Y \rangle$이고 $\nabla f = (2xyz,\ x^2z,\ x^2y)$이므로

$Y[f] = \langle \nabla f,\ Y \rangle = \langle (2xyz,\ x^2z,\ x^2y),\ (y,\ -x^2,\ xz^3) \rangle = 2xy^2z - x^4z + x^3yz^4.$

(ii) $Y[fg] = \langle \nabla fg,\ Y \rangle = \langle (2xyz^3,\ x^2z^3,\ 3x^2yz^2),\ (y,\ -x^2,\ xz^3) \rangle$

$$= 2xy^2z^3 - x^4z^3 + 3x^3yz^5$$

(iii) $f\,Y[g] - g\,Y[f] = f\langle \nabla g,\ Y \rangle - g\langle \nabla f,\ Y \rangle$

$$= x^2yz(2xz^4) - z^2(2xy^2z - x^4z + x^3yz^3)$$

$$= 2x^3yz^5 - 2xy^2z^3 + x^4z^3 - x^3yz^5$$

$$= x^3yz^5 - 2xy^2z^3 + x^4z^3$$

(iv) (i)번으로부터

$$Y[Y[f]] = \langle \nabla Y[f],\ Y \rangle$$

$$= \langle (2y^2z - 4x^3z + 3x^2yz^3,\ 4xyz + x^3z^3,\ 2xy^2 - x^4 + 3x^3yz^2),\ (y, -x^2, xz^3) \rangle$$

$$= 2y^3z - 8x^3yz + 5x^2y^2z^3 - 2x^5z^3 + 3x^4z^5.$$

(v) $Y[g^2] = \langle \nabla g^2,\ Y \rangle = \langle (0,\ 0,\ 4z^3),\ (y,\ -x^2,\ xz^3) \rangle = 4xz^6$

05 (i) $\nabla_Y Z = \nabla_{-yE_1 + zE_2 + x^2zE_3} Z = -y\nabla_{E_1}Z + z\nabla_{E_2}Z + x^2z\nabla_{E_3}Z$이고 $\nabla_{E_i}E_j = 0$이다.

한편

$$\nabla_{E_1}Z = \nabla_{E_1}(\cos xE_1 + e^{yz}E_3) = E_1[\cos x]E_1 + E_1[e^{yz}]E_3 = -\sin xE_1,$$

$$\nabla_{E_2}Z = ze^{yz}E_3,\quad \nabla_{E_3}Z = ye^{yz}E_3$$

이므로 $\nabla_Y Z = y\sin xE_1 + (z^2 + x^2yz)e^{yz}E_3.$

(ii) $\nabla_Z Y = \nabla_{-yE_1 + zE_2 + x^2zE_3} Y$에서

$$\nabla_{E_1}Y = 2xzE_3,\quad \nabla_{E_2}Y = -E_1,\ \nabla_{E_3}Y = E_2 + x^2E_3$$

이다. 따라서 $\nabla_Z Y = -zE_1 + x^2zE_2 + (x^4z - 2xyz)E_3.$

(iii) (i)로부터 $\nabla_Y\nabla_Y Z = \nabla_Y(y\sin x\,E_1 + (z^2 + x^2yz)e^{yz}E_3)$이고

$$\nabla_{E_1}(\nabla_Y Z) = y\cos x E_1 + 2xyze^{yz}E_3,$$

$$\nabla_{E_2}(\nabla_Y Z) = \sin x E_1 + z(x^2 + z^2 + x^2yz)e^{yz}E_3,$$

$$\nabla_{E_3}(\nabla_Y Z) = (2z + x^2y + yz^2 + x^2y^2z)e^{yz}E_3$$

이므로

$$\nabla_Y \nabla_Y Z = (z\sin x - y^2\cos x)E_1 + (3x^2z^2 - 2xy^2z + z^4 + 2x^2yz^3 + x^{4yz} + x^{4y^{2z}})e^{yz}E_3$$

이다.

(iv) (ii)로부터 $\nabla_Y \nabla_Z Y = x^2zE_1 + (x^4z - 2xyz)E_2 + (2y^2z - 2xz^2 + x^6z - 6x^3yz)E_3$이고 $\nabla_Y Y = -zE_1 + x^2zE_2 + (x^{4z} - 2xyz)E_3$이다. 따라서

$$\nabla_Z \nabla_Y Y = -e^{yz}E_1 + (x^2e^{yz} + 2xz\cos x)E_2 + [(4x^{3z} - 2yz)\cos x + (x^4 - 2xy)e^{yz}]E_3$$

이다. 그러므로 계산할 수 있다.

06 (i) $p = (0, 0, 0)$, $v = (2, 1, -1)$

$F(p + tv) = F(2t,\ t,\ -t) = (t\cos 2t,\ -e^{2t}t)$이므로

$$\frac{d}{dt}F(p+tv)\bigg|_{t=0} = (\cos 2t - 2t\sin 2t,\ -e^{2t} - 2te^{2t})\bigg|_{t=0} = (1,\ -1)_{F(P)}.$$

$\therefore\ dF_p(v) = (1,\ -1)_{(0,\ 0)}$

(ii) $p = (0, 1, -1)$, $v = (2, 1, -1)$

$F(p + tv) = F(2t,\ 1+t,\ -1-t) = ((1+t)\cos 2t,\ -e^{2t}(1+t))$이므로

$$\frac{d}{dt}F(p+tv)\bigg|_{t=0} = (\cos 2t - 2(1+t)\sin 2t,\ 2e^{2t}(-1-t) - e^{2t})\bigg|_{t=0} = (1,\ -3)_{F(P)}.$$

$\therefore\ dF_p(v) = (1,\ -3)_{(1,\ -1)}$

07 $F(v) = v_p[f] = \langle \nabla f,\ v_p \rangle = \|\nabla f\| \|v_p\| \cos\theta$이므로 최대일 때는 $\theta = 0$일 때이다. 따라서 v_p는 ∇f와 평행이고 단위벡터이므로 $v_p = \dfrac{\nabla f}{\|\nabla f\|}$이다.

08 $(G \circ F)(x,\ y) = G(F(x, y)) = G(x+y,\ x-y) = (e^{x+y},\ e^{x-y})$이므로

$$\mathfrak{J}(G \circ F)(x,\ y) = \begin{bmatrix} e^{x+y} & e^{x+y} \\ e^{x-y} & -e^{x-y} \end{bmatrix}$$

이다. 한편 정의에 의해 $\mathfrak{J}G(F(x,\ y)) = \begin{bmatrix} e^{x+y} & 0 \\ 0 & e^{x-y} \end{bmatrix}$, $\mathfrak{J}F(x,\ y) = \begin{bmatrix} 1 & 1 \\ 1 & -1 \end{bmatrix}$이므로

$$(\mathfrak{J}G \bullet \mathfrak{J}F)(x,\ y) = (\mathfrak{J}G)(F(x,\ y))\,\mathfrak{J}F(x,\ y)$$
$$= \begin{bmatrix} e^{x+y} & 0 \\ 0 & e^{x-y} \end{bmatrix}\begin{bmatrix} 1 & 1 \\ 1 & -1 \end{bmatrix} = \begin{bmatrix} e^{x+y} & e^{x+y} \\ e^{x-y} & -e^{x-y} \end{bmatrix}$$

이다.

09 $(\mathfrak{J}(G \circ F))(0,\ 0,\ 0) = \mathfrak{J}G(F(0,\ 0,\ 0))\mathfrak{J}F(0,\ 0,\ 0)$
$$= \mathfrak{J}G(1,\ 2)\mathfrak{J}F(0,\ 0,\ 0)$$
$$= \begin{bmatrix} 1 & 2 \\ 2 & 1 \end{bmatrix}\begin{bmatrix} 1 & 0 & 2 \\ 0 & 1 & 1 \end{bmatrix} = \begin{bmatrix} 1 & 2 & 4 \\ 2 & 1 & 5 \end{bmatrix}$$

제3장 곡선론

01 $\alpha'(s) = (x'(s),\ y'(s)),\ J\alpha'(s) = (-y(s),\ x'(s),\ a''(s) = (x''(s),\ y''(s))$이므로
$\kappa_2 = \langle \alpha'',\ J\alpha' \rangle = -x''y' + x'y''$.

02 (i) $\alpha(t) = (3t - t^2,\ 2t^3,\ 1)$
$\alpha'(t) = (3-2t,\ 6t^2,\ 0),\ \alpha''(t) = (-2,\ 12t,\ 0),\ \|\alpha'(t)\| = \sqrt{9-12t+4t^2 36t^4}$
$$\kappa = \frac{\|\alpha'(t) \times \alpha''(t)\|}{\|\alpha'(t)\|^3} = \sqrt{\frac{144t^2(3-t^2)}{(9-12t+14t^2+36t^4)^3}},\ \tau = \frac{<\alpha'(t) \times \alpha''(t),\ \alpha'''(t)>}{\|\alpha'(t) \times \alpha''(t)\|^2} = 0$$
(ii) $\kappa = \dfrac{\sqrt{3\sin^2 2t + 2}}{\sqrt{(1+\cos^2 2t)^3}},\ \tau = \dfrac{-3\cos 2t}{3\sin^2 2t + 2}$

(iii) $\kappa = \dfrac{\sqrt{4\cosh 2t + 1}}{\sqrt{(\cosh 2t + 4)^3}},\ \tau = \dfrac{2}{4\cosh 2t + 1}$

(iv) $\alpha'(t) = \left(\dfrac{1}{2}(1+t)^{\frac{1}{2}},\ -\dfrac{1}{2}(1-t)^{\frac{1}{2}},\ \dfrac{1}{\sqrt{2}}\right),\ \|\alpha'(t)\| = \sqrt{\dfrac{1}{4}(1+t) + \dfrac{1}{4}(1-t) + \dfrac{1}{2}} = 1$
따라서 α는 단위 속력 곡선이므로
$$\kappa = \|\alpha''(t)\| = \frac{1}{2\sqrt{2}}(1-t^2)^{-\frac{1}{2}},\ \tau = \frac{\sqrt{2}}{4}(1-t^2)^{-\frac{1}{2}}.$$
(v) $\kappa = \dfrac{1}{5(1+t^2)},\ \tau = \dfrac{2}{5(1+t^2)}$

03 축폐선의 방정식은 $\alpha_{ev}(t) = \alpha(t) + \dfrac{1}{\kappa_2}\dfrac{J\alpha'(t)}{\|\alpha'(t)\|}$, 곡률은 $\kappa_2 = \dfrac{\langle \alpha''(t), J\alpha'(t) \rangle}{\|\alpha'(t)\|^3}$이다. 따라서

$$\alpha'(t)=(1+\cos t,\ -\sin t),\ \|\alpha'(t)\|=\sqrt{2(1+\cos t)},\ J\alpha'(t)=(\sin t,\ 1+\cos t),$$
$$\alpha''(t)=(-\sin t,\ -\cos t),\ \langle\alpha''(t),\ J\alpha'(t)\rangle=-(1+\cos t)$$

이므로

$$\alpha_{ev}(t)=(t+\sin t,\ 1+\cos t)-2(\sin t,\ 1+\cos t)=(t-\sin t,\ -1-\cos t)$$

이다.

04 $T'=\kappa_\alpha N,\ \|T'\|=\kappa_\alpha,\ T''=\kappa_\alpha{}'N-\kappa_\alpha^2 T+\kappa_\alpha\tau_\alpha B,\ T'\times T''=\kappa_\alpha^3 B+\kappa_\alpha^2\tau_\alpha T,$

$T'''=-3\kappa_\alpha\kappa_\alpha{}'T+(\kappa_\alpha{}''-\kappa_\alpha^3-\kappa_\alpha\tau_\alpha^2)N+(2\kappa_\alpha{}'\tau_\alpha+\kappa_\alpha\tau_\alpha)B,\ \langle T'\times T'',\ T'''\rangle=\kappa_\alpha{}^2\tau_\alpha{}'-\kappa_\alpha{}'\kappa_\alpha^3$

따라서

$$\kappa_T=\frac{\sqrt{k_\alpha^6+k_\alpha^4\tau_\alpha^2}}{k_\alpha^3}=\sqrt{1+\left(\frac{\tau_\alpha}{\kappa_\alpha}\right)^2},\quad \tau_T=\frac{\kappa_\alpha^3(\kappa_\alpha\tau_\alpha{}'-\kappa_\alpha{}'\tau_\alpha)}{\kappa_\alpha^4(\tau_\alpha^3+\kappa_\alpha^2)}=\frac{\left(\frac{\tau_\alpha}{\kappa_\alpha}\right)'}{\kappa_\alpha\left[1+\left(\frac{\tau_\alpha}{\kappa_\alpha}\right)^2\right]}.$$

05 $L[\alpha]=\int_0^5\|\alpha'(t)\|dt=\int_0^5 3\sqrt{2}(e^{3t}+e^{-3t})\,dt=\sqrt{2}(e^{15}-e^{-15})$

06 $\alpha'(t)=(e^t(\cos t-\sin t),\ e^t(\sin t+\cos t), e^t),\ \|\alpha'(t)\|=\sqrt{3}e^t$ 이고

$$s(t)=\int_0^t\|\alpha'(u)\|du=\int_0^t\sqrt{3}e^u\,du=\sqrt{3}(e^t-1)$$

이다. 더구나 s의 역함수 h는 $h(s)=\ln\left(\frac{s+\sqrt{3}}{\sqrt{3}}\right)$이므로, β를 α의 단위 속력을 갖는 재매개화 곡선이라 하면

$$\beta=(\alpha\circ h)(s)=\left(\frac{s+\sqrt{3}}{\sqrt{3}}\cos\left(\ln\frac{s+\sqrt{3}}{\sqrt{3}}\right),\ \frac{s+\sqrt{3}}{\sqrt{3}}\sin\left(\ln\frac{s+\sqrt{3}}{\sqrt{3}}\right),\ \frac{s+\sqrt{3}}{\sqrt{3}}\right).$$

07 ($\Rightarrow$) 단위 속력 곡선 α가 구면 곡선이라 하자. 정리 3.66의 (3)으로부터

$$\tau\left(\frac{\kappa''}{\kappa^2}-2\frac{\kappa'^2}{\kappa^3}\right)=\frac{\tau'\kappa'}{\kappa^2}+\frac{\tau^3}{\kappa}\ \Rightarrow\ \frac{1}{\tau}\left(\frac{\kappa''}{\kappa^2}-2\frac{\kappa'^2}{\kappa^3}\right)-\frac{\tau'\kappa'}{\tau^2\kappa^2}=\frac{\tau}{\kappa}\ \Rightarrow\ \left(\frac{\kappa'}{\kappa^2\tau}\right)'=\frac{\tau}{\kappa}$$

이다.

($\Leftarrow$) $\left(\frac{\kappa'}{\kappa^2\tau}\right)'=\frac{\tau}{\kappa}$이라 하자. $\left[\left(\frac{1}{\kappa}\right)^2\right]'+\left[\left(\frac{1}{\kappa}\right)^2\left(\frac{1}{\tau}\right)^2\right]'=0$이므로 정리 3.68로부터 단위속력곡선 α는 구면 곡선이다.

08 $\alpha_{ev}(t)=\alpha(t)+\frac{1}{\kappa_2}J\alpha'(t)$ 이므로

$$\begin{aligned}\alpha'_{ev}(t)&=\alpha'(t)+\left(\frac{1}{\kappa_2}\right)'J\alpha'(t)+\frac{1}{\kappa_2}J\alpha''(t)\\&=\alpha'(t)+\left(\frac{1}{\kappa_2}\right)'J\alpha'(t)+\frac{1}{\kappa_2}(-\kappa_2\alpha'(t))\qquad(\because J\alpha''(t)=-\kappa_2\alpha'(t))\\&=\left(\frac{1}{\kappa_2}\right)'J\alpha'(t)\end{aligned}$$

$$\alpha''_{ev}(t)=\left(\frac{1}{\kappa_2}\right)''J\alpha'(t)+\left(\frac{1}{\kappa_2}\right)'J\alpha''(t)=\left(\frac{1}{\kappa_2}\right)''J\alpha'(t)-\left(\frac{1}{\kappa_2}\right)'\kappa_2\alpha'(t)$$

한편 $\kappa_2=\frac{\langle\alpha''(t),\ J\alpha'(t)\rangle}{\|\alpha'(t)\|^3}$ 이므로 $\kappa_2(\alpha_{ev}(t))=\frac{\langle\alpha''_{ev}(t),\ J\alpha'_{ev}(t)\rangle}{\|\alpha'_{ev}(t)\|^3}=\frac{\kappa_2^3}{|\kappa_2'|}$.

09 곡선 α를 단위속력곡선이라 하자. 이때 신개선의 정의에 의해

$$(\alpha_{ev})^c_{iv}(t)=\alpha_{ev}(t)+(s_{ev}(c)-s_{ev}(t))\frac{\alpha_{ev}'(t)}{\|\alpha_{ev}'(t)\|}. \tag{1}$$

여기서 s_{ev}는 곡선 α_{ev}의 호길이 함수이다. 한편 축폐선의 정의에 의해

$$\alpha_{ev}(t)=\alpha(t)+f(t)J\alpha'(t),\quad f=\frac{1}{\kappa_2}$$

이므로

$$\alpha_{ev}'(t)=\alpha'(t)+f'(t)J\alpha'(t)+f(t)J\alpha''(t). \tag{2}$$

정리 3.19에 의해 $J\alpha''(t)=-\kappa_2\alpha'(t)$ 이므로 (2)에 대입하면

$$\alpha_{ev}'(t)=f'(t)J\alpha'(t). \tag{3}$$

그러므로

$$s_{ev}(t)=\int_a^t\|\alpha_{ev}'(u)\|\,du=\int_a^t|f'(u)|\,du=-\epsilon\{f(t)-f(a)\} \tag{4}$$

이다. 여기서 $\epsilon=sgn(\kappa_2')$ 이다. 따라서 (1), (3), (4)로부터

$$(\alpha_{ev})^c_{iv}(t)=\alpha(t)+f(t)J\alpha'(t)+\epsilon^2\{f(c)-f(t)\}J\alpha'(t)$$

이고 $f(c)=\frac{1}{\kappa_2(c)}$ 이므로

$$(\alpha_{ev})^{c}_{iv}(t)=\alpha(t)+\frac{1}{\kappa_2(c)}J\alpha'(t)$$

이다. 그러므로 $\lambda=\dfrac{1}{\kappa_2(c)}$로 두면 된다.

10 (1) 곡선 α를 단위속력곡선이라 하자. 즉,

$$\beta(s)=\alpha(s)+\lambda(s)N_\alpha(s)$$

라 하자. 여기서 s는 곡선 β의 호 길이 함수가 아니다. Bertrand 곡선의 정의에 의해 N_α와 N_β는 평행하다. 따라서 곡선 β를 미분하면

$$\beta'(s)=\alpha'(s)+\lambda'(s)N_\alpha(s)+\lambda(s)N_\alpha{}'(s)$$

이고 양변에 N_α로 내적을 하면

$$\lambda'(s)=\langle\beta'(s),\ N_\alpha(s)\rangle=\langle\beta'(s),\ N_\beta(s)\rangle=0.$$

즉, λ는 상수이다.

(2) ($\Rightarrow$) 우선 (1)로부터 다음을 얻는다. 즉, $N_\alpha(s)=N_\beta(s)$이기 때문에

$$\begin{aligned}\frac{d}{ds}\langle T_\alpha(s),\ T_\beta(s)\rangle&=\langle T_\alpha{}'(s),\ T_\beta(s)\rangle+\langle T_\alpha(s),\ T_\beta{}'(s)\rangle\\&=\langle\kappa_\alpha N_\alpha(s),\ T_\beta(s)\rangle+\kappa_\beta\|\beta'(s)\|\langle T_\alpha(s),\ N_\beta(s)\rangle\\&=0.\end{aligned}$$

따라서 $\langle T_\alpha(s),\ T_\beta(s)\rangle$=상수$=\cos\theta$이다. 그러므로

$$\cos\theta=\langle T_\alpha,\ T_\beta\rangle=\langle T_\alpha,\ T_\alpha+\lambda N_\alpha{}'\rangle=1-\lambda\kappa.$$

한편 $T_\alpha\times T_\beta=-\lambda\tau_\alpha N_\alpha$이고 $\sin\theta=\|T_\alpha\times T_\beta\|=|\lambda\tau_\alpha|$이다. 따라서

$$\cot\theta=\frac{1-\lambda\kappa_\alpha}{|\lambda\tau_\alpha|}$$

이고 $\dfrac{1-\lambda\kappa_\alpha}{\lambda\tau_\alpha}$=상수$=C$이다. 따라서 $A=\lambda$라 두고 $B=\lambda C$라 두면 $A\kappa_\alpha+B\tau_\alpha=1$이 성립한다.

($\Leftarrow$) 우선 $A=\lambda$라 두고 $\beta(s)=\alpha(s)+AN_\alpha(s)$라 하자. 이것을 미분하고 가정을 사용하면

$$\beta'(s)=\alpha'(s)+AN_\alpha{}'(s)=(1-A\kappa_\alpha)T_\alpha+A\tau_\alpha B_\alpha=\tau_\alpha(BT_\alpha+AB_\alpha)$$

따라서 단위벡터 $T_\beta=\dfrac{BT_\alpha+AB_\alpha}{\sqrt{A^2+B^2}}$이고 미분하면

$$T_\beta'(s) = \frac{B\kappa_\alpha - A\tau_\alpha}{\sqrt{A^2+B^2}} N_\alpha.$$

즉, N_β와 N_α는 평행하다.

11 신개선의 정의 3.53으로부터 $\alpha_{iv}^{c}{}'(s) = (c-s)\kappa N$이기 때문에 당연하다.

제4장 평면곡선의 대역이론

02 (1) 주기$=2\pi$, 회전수$=0$ (왜냐하면 $\theta(0) = \frac{\pi}{4}$, $\theta(2\pi) = \frac{\pi}{4}$).

더구나 $\alpha(0) = \alpha(\pi)$이고 $\pi - 0 = \left(\frac{1}{2}\right)2\pi$. 따라서 $\frac{1}{2} \notin Z$이므로 단순폐곡선이 아니다.

(2) 주기$=2\pi$, 회전수$=0$ (왜냐하면 $\theta(0) = \frac{\pi}{2}$, $\theta(2\pi) = \frac{\pi}{2}$).

한편 $\alpha\left(\frac{\pi}{2}\right) = \alpha\left(\frac{3\pi}{2}\right)$, $\frac{3\pi}{2} - \frac{\pi}{2} = \pi = \frac{1}{2}(2\pi)$. 따라서 $\frac{1}{2} \notin Z$이므로 단순폐곡선이 아니다.

(3) 주기$=2\pi$, 회전수$=2$ (왜냐하면 $\theta(0) = \frac{\pi}{2}$, $\theta(2\pi) = \frac{\pi}{2} + 4\pi$).

한편 $\alpha\left(\frac{5}{6}\pi\right) = \alpha\left(\frac{7}{6}\pi\right)$. 따라서 단순폐곡선이 아니다.

(4) 주기$=2\pi$, 회전수$=2$ (왜냐하면 $\theta(0) = \frac{\pi}{2}$, $\theta(2\pi) = \frac{\pi}{2} + 4\pi$).

한편 $\alpha\left(\frac{\pi}{6}\right) = \alpha\left(\frac{5\pi}{6}\right)$. 따라서 단순폐곡선이 아니다.

03 주기$=2\pi$, 한편 $\gamma(t_1) = \gamma(t_2)$라 하면 $t_1 - t_2 = 2n\pi$이므로 단순폐곡선이다. 면적을 A라 하면 정리 4.28에 의해

$$A = \int_\gamma x dy = \int_0^{2\pi} a\cos t(b\cos t)\, dt = ab\int_0^{2\pi} \cos^2 t dt = \pi ab.$$

04 정폭도형

제5장 곡면론

01 (i)에서와 같이 $\sigma(u) = \alpha(u) + f(u)\tilde{\gamma}(u)$로 두자. 여기서

$$\tilde{\gamma}(u)=\frac{\gamma(u)}{\|\gamma(u)\|},\ f(u)=-\frac{\langle\alpha'(u),\ \tilde{\gamma}'(u)\rangle}{\|\tilde{\gamma}'(u)\|^2}$$

이다. (ii) 이를 직접 계산하면 $\langle\sigma'(u),\ \tilde{\gamma}'(u)\rangle=0$임을 쉽게 얻을 수 있다. (iii) 이것으로부터 $s=u,\ t=v\|\gamma(u)\|-f(u)$라 두면

$$\sigma(s)+t\tilde{\gamma}(s)=\alpha(u)+v\gamma(u)$$

임을 알 수 있다.

02 (i) 예제 5.32(나선면)에서

$$X(u,\ v)=(0,\ 0,\ bu)+v(\cos u,\ \sin u,\ 0)$$

따라서 $\alpha(u)=(0,\ 0,\ bu)$, $\gamma(u)=(\cos u,\ \sin u,\ 0)$라 두고 $\gamma'(u)\neq 0$이므로 나선면은 비원기둥 선직면이다. 그리고 문제 1에서와 같이 구하면 $f(u)=0$이기 때문에 압축곡선 σ는 $\sigma(u)=\alpha(u)$이다.

(ii) 예제 5.33(쌍곡포물면)의 좌표조각사상은

$$X(u,\ v)=(au,\ 0,\ u^2)+v(a,\ b,\ 2u)$$

이고 $\gamma'(u)=(0,\ 0,\ 2)\neq 0$이므로 비원기둥 선직면이다. 문제 1에서와 같이

$$A(u)=\frac{1}{\sqrt{a^2+b^2+4u^2}}$$

으로 두면 압축곡선은

$$\sigma(u)=(au,\ 0,\ u^2)-\frac{A(a^2A'+4u(A+uA'))}{(a^2+b^2)A'^2+4(A+uA')^2}(a,\ b,\ 2u)$$

이다.

(iii) 예제 5.34(쌍곡면)의 좌표조각사상으로부터 $\gamma'(u)=(-a\cos u,\ -b\sin u,\ 0)\neq 0$이므로 비원기둥 선직면이다. 같은 방법으로 압축곡선을 구할 수 있다.

03 회전면의 그림을 참고하여라.

04 (i) 구면(예제 5.8)의 좌표조각사상으로부터

$$X(u,\ v)=(h(v)\cos u,\ h(v)\sin u,\ g(v)).$$

여기서 $h(v)=r\cos v$, $g(v)=r\sin v$이므로 회전면이다.

(ii) 원환면(예제 5.28)의 좌표조각사상으로부터

$$X(u,\ v)=(h(u)\cos v,\ h(u)\sin v,\ g(u)).$$

여기서 $h(u)=R+r\cos u$, $g(u)=r\sin u$이다. 따라서 회전면이다.

(iii) 원기둥(예제 5.27)의 좌표조각사상은

$$X(u,\ v)=(h(u)\cos v,\ h(u)\sin v,\ g(u)).$$

여기서 $h(u)=r$, $g(u)=u$이므로 회전면이다.

05 (1) $z=0$ (2) $z=2x+2y$

제6장 곡면의 기본형식

01 $I=ds^2=(1+f_u^2)du^2+2f_uf_vdudv+(1+f_v^2)dv^2$,

$$II=\frac{f_{uu}}{\sqrt{f_u^2+f_v^2+1}}du^2+\frac{2f_{uv}}{\sqrt{f_u^2+f_v^2+1}}dudv+\frac{f_{vv}}{\sqrt{f_u^2+f_v^2+1}}dv^2.$$

02 정리 5.25에서 일반성을 잃지 않고 $h'^2+g'^2=1$로 가정할 수 있다. 따라서

$$I=ds^2=du^2+h^2dv^2,\quad II=(h'g''-g'h'')du^2+g'h\,dv^2.$$

03 선직면의 좌표조각사상 $X(u,\ v)=\alpha(u)+v\gamma(u)$에서 일반성을 잃지 않고 $\|\alpha'(u)\|=1$, $\|\gamma(u)\|=1$이라 할 수 있다. 그러면 제1기본형식의 계수는

$$E=1+2v\langle\alpha',\ \gamma'\rangle+v^2\|\gamma'\|^2,\ F=\langle\alpha',\ \gamma\rangle,\ G=1.$$

또한 제2기본형식의 계수는 다음과 같다.

$$e=\frac{1}{\sqrt{EG-F^2}}\{(\langle\gamma',\ \alpha''\rangle\langle\gamma,\ \gamma''\rangle-\langle\gamma,\ \alpha''\rangle\langle\gamma',\ \gamma''\rangle)v^2-\langle\gamma,\ \alpha''\rangle\langle\gamma'',\ \alpha'\rangle v\}$$

$$f=\frac{1}{\sqrt{EG-F^2}}\langle\alpha'\times\gamma,\ \gamma'\rangle,\quad g=0$$

04 회전면의 좌표조각사상은 $X(u,\ v)=(u,\ e^{-u}\cos v,\ e^{-u}\sin v)$이므로 $E=1+e^{-2u}$, $F=0$, $G=e^{-2u}$이다. 따라서 면적은

$$A=\int_0^1\int_0^{2\pi}e^{-u}\sqrt{1+e^{-2u}}\,dudv$$

이때 $e^{-u}=x$로 치환하면 $A=2\pi\int_{e^{-1}}^{1}\sqrt{1+x^2}\,dx$이다. 한편 $\tan\theta=x$로 치환하면

$$\int\sqrt{1+x^2}\,dx=\int\sec^3\theta d\theta=\frac{1}{2}\sec\theta\tan\theta+\frac{1}{2}\ln|\sec\theta+\tan\theta|+C$$

따라서

$$\begin{aligned}\int_{e^{-1}}^{1}\sqrt{1+x^2}\,dx&=x\sqrt{1+x^2}+\ln(\sqrt{1+x^2}+x)\Big|_{e^{-1}}^{1}\\&=1+\sqrt{2}+\ln\sqrt{2}-\frac{\sqrt{1+e^2}}{e^2}-\ln(\sqrt{1+e^2}+1)\end{aligned}$$

그러므로 $A=2\pi 1+\sqrt{2}+\ln\sqrt{2}-\dfrac{\sqrt{1+e^2}}{e^2}-\ln(\sqrt{1+e^2}+1)$이다.

05 ∇f는 정칙곡면 M의 접벡터장으로서 $\langle\nabla f(p),\ v\rangle=df_p(v)$로 정의된다. 따라서 좌표조각사상 X상에서의 기울기 벡터장 ∇f는

$$\nabla f=aX_u+bX_v$$

로 표현된다. 여기서 $a,\ b$는 $X(U)$상에서 정의된 임의의 함수이다. 즉, 임의의 함수 $a,\ b$를 구하면 된다.

06 함수 $f: M\rightarrow R$에 대하여 $df_p: S^1\rightarrow R$이 최대인 $v\in S^1$을 찾으면 된다. 즉,

$$df_p(v_p)=\langle\nabla f(p),\ v_p\rangle=\|\nabla f\|\cos\theta$$

여기서 θ는 ∇f와 v의 사이각이다. 따라서 최대가 될 θ는 $\theta=0$이므로 $v=\dfrac{\nabla f}{\|\nabla f\|}$이다.

제7장 곡면의 곡률

01 선직면의 좌표조각사상으로부터 항상 $g=\langle n,\ X_{uv}\rangle=0$이다.

02 식 (7.2)로부터 자명하다.

03 곡선 γ가 단위속력곡선이기 때문에 $k_n(\gamma')=\langle n,\ \gamma\rangle$, 한편 $n=\dfrac{(-2u,\ -2v,\ 1)}{\sqrt{1+4(u^2+v^2)}}$이다. 따라서

$$n(t)=(n\circ\gamma)(t)=\frac{1}{\sqrt{5}}(-2\cos t,\ -2\sin t,\ 1)$$

이다. 그러므로 $\kappa_n(\gamma')=\frac{2}{\sqrt{5}}$이다.

04 주곡률을 κ_1, κ_2라 할 때, 일반적으로 v 방향으로의 법곡률은 정리 7.25로부터 $\kappa_n(\theta)=\kappa_1\cos^2\theta+\kappa_2\sin^2\theta$이므로

$$\int_0^\pi \kappa_n(\theta)d\theta=\int_0^\pi(\kappa_1\cos^2\theta+\kappa_2\sin^2\theta)d\theta=H\pi$$

임을 알 수 있다.

05 정리 7.25로부터 $\kappa_n(v)=\kappa_1\cos^2\theta+\kappa_2\sin^2\theta$이다. 한편 v와 w는 수직이므로

$$\kappa_n(w)=\kappa_1\cos^2(\theta\pm\frac{\pi}{2})+\kappa_2\sin^2(\theta\pm\frac{\pi}{2})=\kappa_1\sin^2\theta+\kappa_2\cos^2\theta$$

이다. 따라서 점 p에서

$$\kappa_n(v)+\kappa_n(w)=\kappa_1+\kappa_2=2H(p)$$

이다.

06 정리 5.25로부터 $E=g'^2+h'^2$, $F=0$, $G=h^2$, $e=\frac{h'g''-g'h''}{\sqrt{g'^2+h'^2}}$, $f=0$, $g=\frac{g'h}{\sqrt{g'^2+h'^2}}$이다. 따라서 가우스곡률 K는

$$K=\frac{g'(h'g''-g'h'')}{h(g'^2+h'^2)}.$$

07 문제 6에서 $K=0 \Leftrightarrow g'(h'g''-g'h'')=0$이다. 즉, $g'=0$ 또는 $h'g''-g'h''=0$일 때이다.

(i) $g'=0$인 경우 $g=$상수이다. 따라서 회전면은 평면의 일부분이다.

(ii) $g'\neq0$, $h'g''-g'h''=0(h'=0$ 또는 $h'\neq0)$인 경우

(ii-1) 만약에 $h'=0$이면 $h=$상수, 즉 회전면은 원기둥이고

(ii-2) 만약에 $h'\neq0$이면 $g'^2+h'^2=1$이라 하자. 그러면 $g'g''+h'h''=0$이다. 따라서 $h'g''-g'h''=0$과 연립하여 풀면 $h''=0$이다. 즉, $h(u)=au+b$이므로 회전면은 원뿔의 일부분이다.

08 u-곡선과 v-곡선이 주곡선이면 $S(X_u)=\lambda X_u$, $S(X_v)=\mu X_v$이다. 여기서 λ, μ는 함수이다. 따라서 $\langle S(X_u), X_v\rangle=\langle X_u, S(X_v)\rangle$로부터 $(\lambda-\mu)F=0$. 즉, $F=0$. 그리고 $f=\langle S(X_u),\ X_v\rangle=\lambda F=0$. 역으로 $S(X_u)=aX_u+bX_v$라 하면 $f=aF+bG$이다. 따라서 $f=F=0$이므로 $bG=0$, 즉, $b=0$이다. 따라서 $S(X_u)=aX_u$, 즉, u-곡선은 주곡선이다. 같은 방법으로 v-곡선이 주곡선임을 증명할 수 있다.

09 평면곡선 $\gamma: I \to M \subset R^3$가 단위속력곡선이라 하자. 여기서 $M=\{(x,y,0)\,|\,x,y\in R\}$로 생각하자. 이때 $\kappa_g = \langle n,\ \gamma' \times \gamma'' \rangle$이고 $n = T \times N = \gamma' \times J\gamma'$이다. 따라서

$$\kappa_g = \langle \gamma' \times J\gamma',\ \gamma' \times \gamma'' \rangle = \langle J\gamma',\ \gamma'' \rangle = \kappa_2.$$

11 $n = \dfrac{X_u \times X_v}{\sqrt{EG-F^2}}$, $K = \dfrac{eg-f^2}{EG-F^2}$. 한편

$$e = \frac{\langle X_{uu},\ X_u \times X_v \rangle}{\sqrt{EG-F^2}},\quad f = \frac{\langle X_{uv},\ X_u \times X_v \rangle}{\sqrt{EG-F^2}},\quad g = \frac{\langle X_{vv},\ X_u \times X_v \rangle}{\sqrt{EG-F^2}}.$$

따라서

$$eg = \frac{1}{EG-F^2}\det(X_{uu}X_uX_v)\det(X_{vv}X_uX_v) = \frac{1}{EG-F^2}\det[(X_{uu}X_uX_v)^t(X_{vv}X_uX_v)],$$
$$f^2 = \frac{1}{EG-F^2}\det(X_{uv}X_uX_v)^2.$$

즉,

$$eg-f^2 = \frac{1}{EG-F^2}\left[\det\{(X_{uu}X_uX_v)^t(X_{vv}X_uX_v)\} - \det(X_{uv}X_uX_v)^2\right]$$

이므로 행렬식의 성질과 문제 10번을 이용하면 증명된다.

12 문제 11번에서 $F=0$인 경우이다.

제8장 극소 곡면과 Gauss-Bonnet 정리

02 $H=0 \Leftrightarrow eG-2fF+gE=0$임을 증명하면 된다.

03 (i) $Z_u = \cos t X_u + \sin t Y_u$, $Z_v = \cos t X_v + \sin t Y_v$, $E_x = G_x$, $E_y = G_y$, $F_x = F_y = 0$(등온좌표함수), $E_x = G_y$, $G_x = E_y$(공액극소곡면)이 성립한다. 따라서 직접 계산하면

$$E_z = E_x,\ F_z = 0,\ G_z = G_x,\ Z_u \times Z_v = X_u \times X_v$$

이므로 $H_z = H_x = 0$이므로 극소곡면이다. 왜냐하면 Cauchy-Riemannian equation으로부터 공액극소곡면은 극소곡면임을 알 수 있다.

(ii) 나선면의 좌표조각사상 (예제 5.32)을 변형하면

$$X(u,v) = (\sinh v \sin u, -\sinh v \cos u, u)$$

로 변형할 수 있다. 또 현수면(예제 5.31)은

$$Y(u,v) = (\cosh v\cos u, \cosh v\sin u, v)$$

로 변형할 수 있다. 따라서

$$X_u = Y_v, \quad X_v = -Y_u$$

이므로 공액극소곡면이다.

04 반지름 r인 구면의 가우스곡률 $K = \frac{1}{r^2}$이므로 정리 8.18로부터 증명된다.

05 원환면의 좌표조각사상 (예제 5.28)으로부터 가우스곡률 $K = \frac{\cos u}{r(R + r\cos u)}$(예제 7.36)이다. 더구나 $\|X_u \times X_v\| = r(R + r\cos u)$이므로

$$\iint_M K dA = \int_0^{2\pi}\int_0^{2\pi} K\|X_u \times X_v\| dudv = \int_0^{2\pi}\int_0^{2\pi} \cos u dudv = 0.$$

따라서 정리 8.27(Gauss-Bonnet 정리 II)로부터 $\chi(M) = 0$임을 알 수 있다.

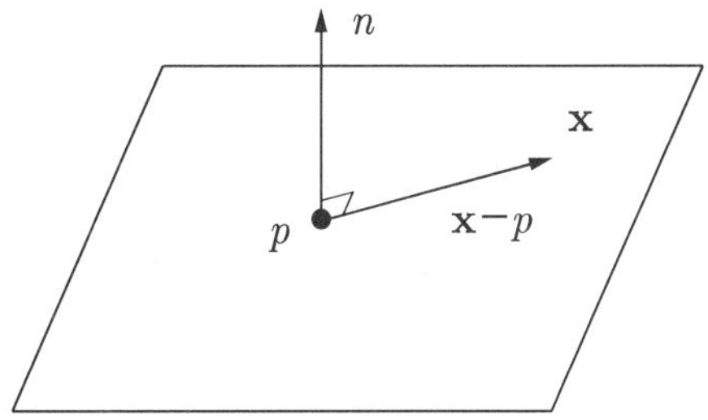

따름 정리 1.45

R^3상에서 점 p를 지나고 일차독립인 두 벡터 v와 w에 평행한 평면은

$$\{\mathbf{x} \in R^3 \mid \langle \mathbf{x} - p,\ v \times w \rangle = 0\}$$

이다.

▌증명 $v \times w$가 v와 w에 수직이므로 성립한다. □

문제 1.46 R^3상에서 평면의 방정식은 $ax + by + cz + d = 0$를 만족하는 해집합이다. 이때 $(a,\ b,\ c)$는 평면의 법벡터이다.

1.5 등장사상

정의 1.47

내적공간 V상에서 정의된 함수 $F\colon V \to V$가 임의의 두 점 p, q에 대하여 다음 등식

$$\|F(p) - F(q)\| = \|p - q\|$$

를 만족할 때, F를 **등장사상**(isometry)이라 한다.

문제 1.48 R^n상에서 주어진 벡터 v에 대하여 $T_v : R^n \to R^n$을

$$T_v(p) = p + v$$

로 정의하면 T_v는 등장사상이다. 이것을 **평행이동**(translation)이라 한다.

정리 1.49 내적공간 V에서 정의된 모든 직교변환(orthogonal transformation)은 등장사상(isometry)이다.

증명 내적공간 V에 대하여 선형사상 $F: V \to V$를 직교변환이라 하자. 그러면 임의의 $p,\ q$에 대하여

$$\begin{aligned}\|F(p) - F(q)\|^2 &= \langle F(p),\ F(p)\rangle - 2\langle F(p),\ F(q)\rangle + \langle F(q),\ F(q)\rangle \\ &= \|p\|^2 - 2\langle p,\ q\rangle + \|q\|^2 \\ &= \|p - q\|^2\end{aligned}$$

이다. 따라서 F는 등장사상이다. □

참고 정리 1.49의 역은 일반적으로 성립하지 않는다.

정리 1.50 내적공간 V에서 정의 된 등장사상 $F: V \to V$가 $F(0) = 0$을 만족하면 F는 직교변환이다.

증명 F가 직교변환이기 위해 (i) $\langle F(p),\ F(q)\rangle = \langle p,\ q\rangle$과 (ii) F는 선형사상임을 보여야 한다. 실제로,

(i) F는 $F(0) = 0$인 등장사상이기 때문에, 임의의 점 p에 대하여

$$\|F(p)\| = \|F(p) - F(0)\| = \|p - 0\| = \|p\|$$

이다. 그러므로 임의의 $p,\ q$에 대하여

$$\|F(p) - F(q)\|^2 = \|p\|^2 - 2\langle F(p),\ F(q)\rangle + \|q\|^2 \tag{1.3}$$

이다. 한편 F가 등장사상이기 때문에

$$\|F(p)-F(q)\|^2=\|p-q\|^2=\|p\|^2-2\langle p,\ q\rangle+\|q\|^2 \tag{1.4}$$

이다. 따라서 (1.3)과 (1.4)로부터

$$\langle F(p),\ F(q)\rangle=\langle p,\ q\rangle.$$

(ii) $\{e_1,\ \cdots,\ e_n\}$을 V상의 정규직교기저라 하자. 그러면

$$\langle F(e_i),\ F(e_j)\rangle=\langle e_i,\ e_j\rangle=\delta_{ij}$$

이다. 즉 $\{F(e_1),\ \cdots,\ F(e_n)\}$도 정규직교기저이다. 그러므로 정리 1.22로부터

$$F(p)=\sum_{i=1}^{n}\langle F(p),\ F(e_i)\rangle F(e_i)=\sum_{i=1}^{n}\langle p,\ e_i\rangle F(e_i)$$

이다. 따라서 임의의 실수 $a,\ b\in R$에 대하여

$$\begin{aligned}F(ap+bq)&=\sum_{i=1}^{n}\langle ap+bq,\ e_i\rangle F(e_i)\\&=a\sum_{i}\langle p,\ e_i\rangle F(e_i)+b\sum_{i}\langle q,\ e_i\rangle F(e_i)\\&=aF(p)+bF(q)\end{aligned}$$

이므로 F는 선형사상이다. 그러므로 (i)과 (ii)로부터 F는 직교변환이다. □

정리 1.51

> 함수 $F: R^n \to R^n$가 등장사상일 필요충분조건은 F가 적당한 평행이동 T와 직교변환 A의 합성이다. 즉, $F=T\circ A$이다.

❙ 증명 직교변환과 평행이동이 등장사상이기 때문에 합성도 등장사상임은 분명하다. 이제 역을 증명하자. 즉, $F: R^n \to R^n$을 등장사상이라 하자. 그리고 함수 $A: R^n \to R^n$을 $A(p)=F(p)-F(0)$로 정의하면 A는 등장사상이고 $A(0)=0$이다. 그래서 정리 1.50에 의해 A는 직교변환이다. 그러므로 $F=T_{F(0)}\circ A$이다. □

정리 1.52

행렬 $A=(a_{ij})_{n\times n}$와 벡터함수 $\alpha(t)=(a_1(t),\ \cdots,\ a_n(t))\in R^n$에 대하여

$$(A\alpha(t))'=A\alpha'(t)$$

이 성립한다.

증명 $n=2$일 경우에 증명하자. 우선 α를 열벡터로 생각하여도 무방하다.

$$\begin{aligned}\left[\begin{pmatrix}a_{11} & a_{12}\\ a_{21} & a_{22}\end{pmatrix}\begin{pmatrix}a_1(t)\\ a_2(t)\end{pmatrix}\right]' &= \begin{pmatrix}a_{11}a_1(t)+a_{12}a_2(t)\\ a_{21}a_1(t)+a_{22}a_2(t)\end{pmatrix}' \\ &= \begin{pmatrix}a_{11}a_1{}'(t)+a_{12}a_2{}'(t)\\ a_{21}a_1{}'(t)+a_{22}a_2{}'(t)\end{pmatrix} \\ &= \begin{pmatrix}a_{11} & a_{12}\\ a_{21} & a_{22}\end{pmatrix}\begin{pmatrix}a_1(t)\\ a_2(t)\end{pmatrix}'\end{aligned}$$

이다. □

제1장 연습문제

01 영이 아닌 두 벡터 v와 w가 직교할 필요충분조건은

$$\|v+w\| = \|v-w\|$$

임을 증명하여라.

02 (**피타고라스 정리**) 영이 아닌 두 벡터 v와 w가 직교할 필요충분조건은

$$\|v+w\|^2 = \|v\|^2 + \|w\|^2$$

이다.

03 삼각형에서 무게중심은 중선을 2:1로 내분함을 증명하여라.

04 정리 1.22를 증명하여라.

05 정리 1.35를 증명하여라.

06 다음 삼각부등식을 증명하여라. 임의의 벡터 v, w에 대하여

$$\|v \pm w\| \le \|v\| + \|w\|.$$

07 R^3상에서 $v_1 = (1,\ 2,\ 1)$, $v_2 = (-2,\ 0,\ 2)$, $v_3 = (1,\ -1,\ 1)$이 기저(basis)임을 증명하고 $w = (6,\ 1,\ -2)$를 $\{v_1,\ v_2,\ v_3\}$의 일차결합으로 나타내어라.

08 마름모의 두 대각선이 수직임을 증명하여라.

09 임의의 벡터 $v \in R^n$에 대하여 $P_v : R^n \to R^n$을

$$P_v(w) = \frac{\langle v,\ w \rangle}{\|v\|^2} v$$

로 정의하면 다음이 성립한다.

(1) $P_v(w)$는 w의 v로의 정사영(orthogonal projection)이다. 즉,

$$\langle w - P_v(w),\ v \rangle = 0$$

이다.

(2) 두 벡터 $v = (3,\ 2,\ -1)$, $w = (1,\ 1,\ 2)$일 때 $P_v(w)$, $P_w(v)$를 구하여라.

10 두 벡터 v, w가 일차독립일 필요충분조건은 $v \times w \neq 0$이다.

11 벡터공간 $R[x]$상에서

$$\langle f,\ g \rangle = \int_{-1}^{1} fg\,dx$$

는 내적임을 증명하여라.

12 다음 $Z[x] = \left\{ \sum_{k=0}^{\infty} a_k x^k \mid a_k \in Z \right\}$는 벡터공간이 아님을 보여라. 여기서 Z는 정수의 집합이다.

13 R^3상의 한 점 $p = (1,\ 2,\ -1)$에서 평면 $4x - y + z + 1 = 0$까지의 거리를 구하여라.

제2장

R^n 상의 기본정리

DIFFERENTIAL GEOMETRY

2.1 방향 미분

임의의 점 $p \in R^n$과 벡터 v에 대하여 v_p를 $v_p = \overrightarrow{p(p+v)}$로 표현하자. 이 v_p는 시점이 점 p, 방향이 v인 벡터이다. 이 벡터를 p에서의 **접벡터**(tangent vector)라 한다. 점 p에서의 모든 접벡터들의 집합 T_pR^n을 **접공간**(tangent space)이라 한다. 즉,

$$T_pR^n = \{v_p \mid v \in R^n\}.$$

▍참고 (i) 접벡터 v_p와 w_q에 대하여 $v_p = w_q$를 다음과 같이 정의한다. 즉,

$$v_p = w_q \ :\Leftrightarrow\ v = w,\ p = q.$$

(ii) 접공간 T_pR^n은 벡터공간이다. 즉, 임의의 접벡터 $v_p,\ w_p \in T_pR^n$과 실수 $\lambda \in R$에 대하여 벡터합 $+$과 스칼라곱 $\cdot$을

$$v_p + w_p = (v+w)_p, \quad \lambda v_p = (\lambda v)_p$$

으로 정의하면 T_pR^n은 벡터공간이다. 더구나 T_pR^n상에 내적과 외적도 다음과 같이 정의할 수 있다.

$$\langle v_p,\ w_p \rangle = \langle v,\ w \rangle, \quad v_p \times w_p = (v \times w)_p.$$

정의 2.1

미분가능함수 $f : R^n \to R$와 접벡터 v_p에 대하여 $v_p[f]$를

$$v_p[f] = \frac{d}{dt} f(p+tv)\Big|_{t=0}$$

로 정의하고, 함수 f의 v_p방향으로의 **방향미분**(directional derivative)이라 한다.

참고 방향미분 $v_p[f]$는 $v_p[f] = \lim_{t \to 0} \frac{f(p+tv) - f(p)}{t}$, 즉 함수 f가 직선 $p+tv$를 따라 움직일 때의 점 p에서의 f의 변화량이다.

예제 2.2 R^3상에서 벡터 $v = (1, -1, 2)$, 점 $p = (0, 2, 1)$가 주어질 때, 함수 $f(x, y, z) = xy^3z$의 방향미분 $v_p[f]$를 구하여라.

풀이 $p+tv = (t, 2-t, 1+2t)$이므로 $f(p+tv) = t(1+2t)(2-t)^3$이다. 미분하면

$$f'(p+tv) = (1+2t)(2-t)^3 + 2t(2-t)^3 - 3t(1+2t)(2-t)^2$$

이다. 따라서 $v_p[f] = 8$이다.

정리 2.3

> R^n상에서 접벡터 $v_p = (v_1, \cdots, v_n)_p$에 대하여 f의 방향미분 $v_p[f]$는
>
> $$v_p[f] = \sum_{j=1}^{n} v_j \frac{\partial f}{\partial x_j}(p)$$
>
> 이다.

증명 미분의 연쇄법칙에 의해

$$\frac{d}{dt} f(p+tv) = \sum_{j=1}^{n} \frac{\partial f}{\partial x_j} \frac{d}{dt}(p_j + tv_j)$$

이므로 성립한다. □

예제 2.4 예제 2.2에서 $\frac{\partial f}{\partial x}(p) = 8$, $\frac{\partial f}{\partial y}(p) = \frac{\partial f}{\partial z}(p) = 0$이므로 정리 2.3으로부터

$v_p[f] = v_1 \frac{\partial f}{\partial x}(p) + v_2 \frac{\partial f}{\partial y}(p) + v_3 \frac{\partial f}{\partial z}(p) = 1 \times 8 = 8$이다.

따름 정리 2.5

임의의 미분가능함수 $f, g: R^n \to R$와 접벡터 v_p, w_p에 대하여

(1) $(av_p + bw_p)[f] = av_p[f] + bw_p[f]$ $(a, b \in R)$

(2) $v_p[af+bg] = av_p[f] + bv_p[g]$ $(a, b \in R)$

(3) $v_p[fg] = f(p)v_p[g] + g(p)v_p[f]$ (Leibniz rule)

가 성립한다.

▌증명 연습문제. □

정리 2.6

두 미분가능함수 $f: R^n \to R$와 $\alpha: (a, b) \to R^n$에 대하여 다음 등식

$$\alpha'(t)[f] = (f \circ \alpha)'(t)$$

이 성립한다.

▌증명 임의의 t에 대해서 α는 $\alpha(t) = (\alpha_1, \cdots, \alpha_n) \in R^n$로 표현할 수 있으므로 $\alpha'(t) = (\alpha_1'(t), \cdots, \alpha_n'(t)) \in T_{\alpha(t)}R^n$이다. 따라서 정리 2.3으로부터

$$\alpha'(t)[f] = \sum_{i=1}^{n} \alpha_i'(t) \frac{\partial f}{\partial x_i}$$

이다. 한편 $(f \circ \alpha)(t) = f(\alpha_1(t), \cdots, \alpha_n(t))$이기 때문에, 연쇄법칙에 의해

$$(f \circ \alpha)'(t) = \sum_{i=1}^{n} \frac{\partial f}{\partial x_i} \frac{d\alpha_i}{dt} = \sum_{i=1}^{n} \frac{\partial f}{\partial x_i} \alpha'_i(t)$$

이다. 따라서 위의 두 식으로부터 정리가 증명된다. □

정리 2.7

두 미분가능함수 $G: R^n \to R^k$와 $F: R^k \to R$에 대하여 $F \circ G: R^n \to R$의 방향미분 $v_p[F \circ G]$는

$$v_p[F \circ G] = \sum_{j=1}^{k} \frac{\partial F}{\partial x_j}(G(p))v_p[g_j]$$

이다. 여기서 $G = (g_1, \cdots, g_k)$이다.

증명 $(F \circ G)(p+tv) = F(g_1(p+tv), \cdots, g_k(p+tv))$이므로 연쇄법칙에 의해

$$\begin{aligned} \frac{d}{dt}(F \circ G)(p+tv)|_{t=0} &= \sum_{j=1}^{k} \frac{\partial F}{\partial x_j}(G(p+tv))\frac{d}{dt}(g_j(p+tv))|_{t=0} \\ &= \sum_{j=1}^{k} \frac{\partial F}{\partial x_j}(G(p))v_p[g_j] \end{aligned}$$

이다. □

2.2 벡터장의 미분

정의 2.8

열린 부분집합 $U \subset R^n$상의 임의의 점 p를 접벡터에 대응시키는 함수 $Y: U \to TR^n = \cup_p T_p R^n$, $Y(p) \in T_p R^n$를 U상에서의 **벡터장**(vector field)이라 한다.

정의 2.9

R^n상의 벡터장 E_j를 다음과 같이 정의하자. 즉,

$$E_j(p) = (0, \cdots, 1_{(j-th)}, \cdots, 0)_p.$$

이때, $\{E_1, \cdots, E_n\}$을 **표준표구장**(standard frame field)이라 한다.

참고 (1) 임의의 벡터장 Y와 미분가능함수 $f: R^n \to R$ 에 대하여 $Y[f]$를

$$Y[f](p) := v_p[f], \quad v_p = Y(p)$$

로 정의하면 $Y[f]: R^n \to R$는 미분가능한 함수이다.

(2) 임의의 미분가능한 함수 $f: R^n \to R$에 대하여

$$E_j[f] = \frac{\partial f}{\partial x_j}.$$

(3) R^n상의 임의의 벡터장 Y는 다음과 같이 표현할 수 있다. 즉,

$$Y = \sum_{j-1}^{n} f_j E_j.$$

여기서 $f_j: R^n \to R$는 함수이다. 만약 f_j가 미분가능할 때, 벡터장 Y가 미분가능이라 한다.

정의 2.10

미분가능함수 $f: R^n \to R$에 대하여 **기울기벡터장**(gradient vector field) ∇f (또는 $\mathrm{grad}(f)$)는

$$\nabla f = \sum_{j=1}^{n} \frac{\partial f}{\partial x_j} E_j$$

으로 정의된다.

정리 2.11

미분가능함수 $f: R^n \to R$에 대하여 기울기벡터장 ∇f는 임의의 벡터장 Y에 대해

$$\langle \nabla f, Y \rangle = Y[f].$$

증명 임의의 벡터장 $Y = (V_1, \cdots, V_n)$에 대하여

$$\langle \nabla f,\ Y \rangle = \sum_{j=1}^{n} \frac{\partial f}{\partial x_j} V_j = Y[f]$$

이 성립한다. □

정의 2.12

R^n상의 점 p에서의 미분가능한 벡터장 Y의 v_p방향으로의 **공변미분**(covariant derivative) $\nabla_{v_p} Y$를

$$\nabla_{v_p} Y = \frac{d}{dt} Y(p+tv)|_{t=0}$$

으로 정의한다.

예제 2.13 R^3상에서의 벡터장 $Y=(xy,\ x^2 z,\ y^3 z^2)$를 점 $p=(0,\ 1,\ 1)$에서 접벡터 $v=(-1,\ 1,\ 2)$방향으로의 공변미분 $\nabla_{v_p} Y$를 구하여라.

풀이 $p+tv=(-t,\ 1+t,\ 1+2t)$이기 때문에

$$Y(p+tv)=(-t(1+t),\ t^2(1+2t),\ (1+t)^3(1+2t)^2)$$

이다. 따라서 t에 관하여 미분하면

$$\frac{d}{dt} Y(p+tv)|_{t=0} = (-1,\ 0,\ 7)$$

이다.

정리 2.14

미분가능한 벡터장 $Y=\sum_{j=1}^{n} f_j E_j$에 대한 접벡터 v_p방향으로의 공변미분 $\nabla_{v_p} Y$는

$$\nabla_{v_p} Y = \sum_{j=1}^{n} v_p[f_j] E_j(p) = (v_p[f_1],\ \cdots,\ v_p[f_n])_p$$

이다.

증명 $\frac{d}{dt}Y(p+tv) = \left(\frac{d}{dt}f_1(p+tv),\ \cdots,\ \frac{d}{dt}f_n(p+tv)\right)$이므로 정의 2.1로부터 증명된다. □

예제 2.15 예제 2.13에서

$$v_p[f_1] = v_1\frac{\partial f_1}{\partial x}(p) + v_2\frac{\partial f_1}{\partial y}(p) + v_3\frac{\partial f_1}{\partial z}(p) = -1, \quad v_p[f_2] = 0, \quad v_p[f_3] = 7$$

이므로 $\nabla_{v_p}Y = (v_p[f_1],\ v_p[f_2],\ v_p[f_3]) = (-1,\ 0,\ 7)$이다.

예제 2.16 임의의 접벡터 v_p에 대하여 $\nabla_{v_p}E_j = 0$이다.

예제 2.17 미분가능한 벡터장 Y와 미분가능한 함수 $\alpha : (a,\ b) \to R^n$에 대하여

$$\nabla_{\alpha'(t)}Y = (Y \circ \alpha)'(t)$$

임을 증명하여라.

풀이 벡터장 $Y = (f_1,\ \cdots,\ f_n)$에 대해서, 정리 2.6과 정리 2.14를 이용하면

$$\begin{aligned}\nabla_{\alpha'(t)}Y &= (\alpha'(t)[f_1],\ \cdots,\ \alpha'(t)[f_n]) \\ &= ((f_1 \circ \alpha)'(t),\ \cdots,\ (f_n \circ \alpha)'(t)) \\ &= (Y \circ \alpha)'(t)\end{aligned}$$

가 된다.

정리 2.18

R^n상의 임의의 미분가능한 벡터장 Y, Z와 접벡터 v_p, w_p에 대하여 다음이 성립한다.

(1) $\nabla_{av_p + bw_p} Y = a\nabla_{v_p} Y + b\nabla_{w_p} Y$

(2) $\nabla_{v_p}(aY + bZ) = a\nabla_{v_p} Y + b\nabla_{v_p} Z$

(3) $\nabla_{v_p}(fY) = v_p[f]\,Y(p) + f(p)\nabla_{v_p} Y$

(4) $v_p\langle Y,\ Z\rangle = \langle \nabla_{v_p} Y,\ Z(p)\rangle + \langle Y(p),\ \nabla_{v_p} Z\rangle$

(5) $\nabla_{v_p} JY = J\nabla_{v_p} Y\ (n=2)$. 여기서 $J(x,\ y) = (-y,\ x)$이다.

(6) $\nabla_{v_p}(Y \times Z) = \nabla_{v_p} Y \times Z(p) + Y(p) \times \nabla_{v_p} Z\ (n=3)$.

여기서 $a,\ b \in R$이고 $f : U \subset R^n \to R$ 은 미분가능함수이다.

증명 (5)에 대해서만 증명하자. R^2상의 벡터장 $Y = (y_1,\ y_2)$에 대하여 $JY = (-y_2,\ y_1)$이므로 정리 2.14로부터

$$\nabla_{v_p} JY = (-v_p[y_2],\ v_p[y_1]) = J(v_p[y_1],\ v_p[y_2]) = J\nabla_{v_p} Y$$

이다. □

참고 열린 부분집합 $U \subset R^n$상에서 정의된 벡터장 Y와 미분가능한 벡터장 Z에 대한 공변미분을

$$(\nabla_Y Z)(p) := \nabla_{Y(p)} Z$$

로 정의하면 $\nabla_Y Z$는 벡터장이다.

예제 2.19 R^3상의 두 벡터장이 $Y = xyE_1 + zE_2 + xE_3$, $Z = z^2E_1 + xyE_3$일 때 공변미분 $\nabla_Y Z$를 구하여라.

풀이 정리 2.18로부터 $\nabla_Y Z = xy\nabla_{E_1} Z + z\nabla_{E_2} Z + x\nabla_{E_3} Z$이고 $\nabla_{E_j} E_k = 0$이다. 따라서 $\nabla_{E_1} Z = E_1[z^2]E_1 + E_1[xy]E_3 = yE_3$, $\nabla_{E_2} Z = xE_3$, $\nabla_{E_3} Z = 2zE_1$이므로 $\nabla_Y Z = 2xzE_1 + (xy^2 + xz)E_3$이다.

2.3 미분사상

정의 2.20

미분가능함수 $F: U \subset R^n \to R^m$에 대하여 $dF_p: T_pR^n \to T_{F(p)}R^m$을

$$dF_p(v_p) = \frac{d}{dt}F(p+tv)|_{t=0}$$

으로 정의할 때, dF_p를 함수 F의 점 p에서의 **미분사상**(differential), 또는 **접사상**(tangent map)이라 한다.

예제 2.21 함수 $F: R^3 \to R^2$가 $F(x, y, z) = (yz, x^2)$일 때, 점 $p = (1, 0, 2)$, 벡터 $v = (1, 3, -2)$에 대하여 $dF_p(v_p)$를 구하여라.

▌풀이 먼저 $p + tv = (1+t, 3t, 2-2t)$이므로 $F(p+tv) = (3t(2-2t), (1+t)^2)$이다. 따라서 미분하면 $dF_p(v_p) = \frac{d}{dt}F(p+tv)|_{t=0} = (6, 2)_{F(p)}$이다.

정리 2.22

미분가능함수 $F: U \subset R^n \to R^m$의 미분사상 dF_p는

$$dF_p(v_p) = (v_p[f_1], \cdots, v_p[f_m])_{F(p)}$$

이다. 여기서 $F = (f_1, \cdots, f_m)$, $f_j: U \to R$은 미분가능함수이다.

▌증명 정의 2.1과 정의 2.20에 의해

$$F(p+tv)'(0) = (f_1(p+tv)', \cdots, f_m(p+tv)')(0) = (v_p[f_1], \cdots, v_p[f_m])$$

이 성립한다. □

정리 2.23

> 미분가능함수 $F: U \subset R^n \to R^m$의 미분사상 dF_p는 선형사상이다.

증명 미분가능함수 F를 $F = (f_1, \cdots, f_m)$이라 하자. 임의의 접벡터 v_p, w_p와 실수 a, b에 대하여, 따름정리 2.5를 이용하면

$$\begin{aligned} dF_p(av_p + bw_p) &= ((av_p + bw_p)[f_1], \cdots, (av_p + bw_p)[f_m]) \\ &= (av_p[f_1] + bw_p[f_1], \cdots, av_p[f_m] + bw_p[f_m]) \\ &= a(v_p[f_1], \cdots, v_p[f_m]) + b(w_p[f_1], \cdots, w_p[f_m]) \\ &= adF_p(v_p) + b\,dF_p(w_p) \end{aligned}$$

이다. □

따름정리 2.24

> 미분가능함수 $\alpha : (a, b) \to R^n$가 주어질 때, 임의의 $t_0 \in (a, b)$에 대하여
>
> $$d\alpha_{t_0}(1_{t_0}) = \alpha'(t_0)$$
>
> 이다. 여기서 $1_{t_0} = \left(\dfrac{d}{dt}\right)_{t_0}$는 점 t_0에서의 접벡터이다.

증명 함수 $\alpha(t) = (\alpha_1(t), \cdots, \alpha_n(t))$에 정리 2.22를 적용하면

$$d\alpha_{t_0}(1_{t_0}) = (1_{t_0}[\alpha_1], \cdots, 1_{t_0}[\alpha_n]) = (\alpha_1'(t_0), \cdots, \alpha_n'(t_0)) = \alpha'(t_0)$$

이다. □

문제 2.25 미분가능함수 $F: U \subset R^n \to R^m$에 대해서 미분사상 $dF_p(v_p)$는

$$dF_p(v_p) = (F \circ \alpha)'(0)$$

임을 증명하여라. 여기서 $\alpha : (a, b) \to U$는 $\alpha'(0) = v_p$, $\alpha(0) = p$를 만족하는 미분가능한 함수이다.

정리 2.26

> 미분가능함수 $F: U \subset R^l \to \widetilde{U} \subset R^m$와 $G: \widetilde{U} \to R^n$에 대해서
>
> $$d(G \circ F)_p = dG_{F(p)} \circ dF_p$$
>
> 이 성립한다.

| 증명 임의의 벡터 $v_p \in T_p R^l$에 대하여 함수 $\alpha : (a, b) \to R^l$를 $\alpha(0) = p$, $\alpha'(0) = v_p$라 하고 함수 $\beta : (a, b) \to R^m$를 $\beta(t) = (F \circ \alpha)(t)$라 하자. 그러면 $q = \beta(0) = F(p)$이고 $\beta'(0) = (F \circ \alpha)'(0) = dF_p(v_p)$이다. 따라서

$$\begin{aligned} d(G \circ F)_p(v_p) &= \frac{d}{dt}(G \circ F \circ \alpha)(t)|_{t=0} = \frac{d}{dt}(G \circ \beta)(t)|_{t=0} \\ &= dG_q(\beta'(0)) = dG_q(dF_p(v_p)) \\ &= (dG_{F(p)} \circ dF_p)(v_p) \end{aligned}$$

이다. □

정의 2.27

> 미분가능한 함수 $F: U(\subset R^n) \to R^m$에 대하여 점 p에서의 행렬
>
> $$\mathfrak{J}F(p) = \begin{pmatrix} \frac{\partial f_1}{\partial x_1}(p) & \cdots & \frac{\partial f_1}{\partial x_n}(p) \\ & \cdots & \\ \frac{\partial f_m}{\partial x_1}(p) & \cdots & \frac{\partial f_m}{\partial x_n}(p) \end{pmatrix}$$
>
> 를 Jacobi**행렬**(Jacobian matrix)이라 한다. 여기서 $F = (f_1, \cdots, f_m)$이다.

| 참고 미분가능함수 $F: R^n \to R^m$의 미분사상 $dF_p: T_pR^n \to T_{F(p)}R^m$은 선형사상이므로 dF_p를 행렬로 표현할 수 있다. 특히 표준기저 E_j를 사용하면

$$dF_p(E_j(p)) = \left(\frac{\partial f_1}{\partial x_j}, \cdots, \frac{\partial f_m}{\partial x_j}\right)(p)$$

이므로, $dF_p(v_p) = \sum_{j=1}^{n} v_j dF_p(E_j) = \left(\sum_j v_j \frac{\partial f_1}{\partial x_j}, \cdots, \sum_j v_j \frac{\partial f_m}{\partial x_j} \right)^t = \mathfrak{J}F(p) v_p^t$이다.

여기서 $v^t = (v_1 \cdots v_n)^t$이다.

정리 2.28

> 함수 $F: U(\subset R^n) \rightarrow R^m$가 미분가능이라 하자. 이때 임의의 $p \in U$에 대하여 다음 (i)과 (ii)는 동치이다. 즉,
>
> (i) 미분사상 $dF_p : T_p R^n \rightarrow T_{F(p)} R^m$는 단사함수(injective map)이다.
>
> (ii) Jacobi 행렬 $\mathfrak{J}F(p)$의 계수(rank)는 $\mathrm{rank}(\mathfrak{J}F) = \min\{n, m\}$이다.

❙ 증명 dF_p는 단사함수이다 $\Leftrightarrow$ $dF_p(v_p) = 0$이면 $v_p = 0$이다 $\Leftrightarrow$ $\mathfrak{J}F(p)v_p = 0$을 만족하는 해가 $v_p = 0$뿐이다 $\Leftrightarrow$ $\mathrm{rank}(\mathfrak{J}F) = \min\{m, n\}$이다. □

다음 역함수정리(inverse function theorem)와 음함수정리(implicit function theorem)를 증명없이 서술한다.

역함수 정리

> 함수 $F: U(\subset R^n) \rightarrow R^n$가 미분가능이라 하자. 이때 점 $p \in U$에서 $\det(\mathfrak{J}F(p)) \neq 0$이면 점 p의 어떤 근방 $\widetilde{U}$에서 F의 역함수가 존재하고 미분가능하다. 즉, $F|_{\widetilde{U}} : \widetilde{U} \rightarrow F(\widetilde{U})$는 미분동형사상(diffeomorphism)이다.

예제 2.29 함수 $F(x) = x^2$에서 $\mathfrak{J}F(x) = 2x$이므로 $x = 0$을 제외한 모든 점 근방에서는 역함수가 존재하고 미분가능이다. 한편 함수 $F(x) = x^3$은 역함수가 $F^{-1}(x) = x^{\frac{1}{3}}$으로 존재한다. 그러나 $x = 0$에서 F^{-1}는 미분불가능이다. 실제로 $\mathfrak{J}F(0) = 0$이다. 그러나 $x = 0$ 이외의 모든 점 근방에서는 역함수가 모두 미분가능이다.

음함수 정리 미분가능함수 $f: U(\subset R^n) \to R$에 대하여 만약 어떤 점 $p=(p_1, \cdots, p_n) \in U$에서 $f(p)=0$, $\dfrac{\partial f}{\partial x_j}(p) \neq 0(j=1, \cdots, n)$일 때 점 $(p_1, \cdots, \widehat{p_j}, \cdots, p_n) \in R^{n-1}$의 어떤 근방 $\widetilde{U} \subset R^{n-1}$에서 미분가능한 함수 $g: \widetilde{U} \to R$가 존재하여 $f(x_1, \cdots, x_{j-1}, g(x_1, \cdots, \widehat{x_j}, \cdots, x_n), x_{j+1}, \cdots, x_n)=0$을 만족한다.

예제 2.30 집합 $S^1=\{(x, y) \in R^2 \mid x^2+y^2=1\}$에서 y를 x의 함수로 표현할 수 있는가?

풀이 함수 $f(x, y)=x^2+y^2-1$은 S^1상의 모든 점에서 0이다. 즉, 임의의 $(p_1, p_2) \in S^1$에 대하여 $f(p_1, p_2)=0$이다. 더구나 $f_y(x, y)=2y$이므로 점 $(\pm 1, 0) \in S^1$을 제외한 모든 S^1상의 점, 다시 말하면 $-1<x<1$인 모든 점 근방에서는 미분가능한 함수 $g(x)$가 존재하여 $f(x, g(x))=0$을 만족한다. 실제로 $-1<x<1$ 상에서 $y=\pm\sqrt{1-x^2}$로 표현할 수 있다.

제2장 연습문제

01 미분가능한 함수 $f: R^n \to R$에 대하여 $df(v_p) = v_p[f]$임을 증명하여라. 여기서 v_p는 점 p에서의 접벡터이다.

02 R^3상의 점 $p = (2, 0, -1)$에서의 접벡터 $v = (2, -1, 3)$에 대하여 방향미분 $v_p[f]$를 계산하여라.

(i) $f(x, y, z) = xyz$ (ii) $f(x, y, z) = x^4 y$

(iii) $f(x, y, z) = e^x \cos y$

03 R^n상에서 벡터장 $\mathbf{x} = (x_1, x_2, \cdots, x_n)$을 **위치벡터장**(position vector field), 즉, $\mathbf{x}(p) = p$이라 하자. 그러면

$$\nabla_{v_p} \mathbf{x} = v_p$$

임을 증명하여라.

04 R^3상의 벡터장 $Y = yE_1 - x^2 E_2 + xz^3 E_3$와 함수 $f = x^2 yz$, $g = z^2$에 대하여 다음을 계산하여라.

(i) $Y[f]$ (ii) $Y[fg]$

(iii) $f\,Y[g] - g\,Y[f]$ (iv) $Y[Y[f]]$

(v) $Y[g^2]$

05 R^3상의 두 벡터장 $Y = -yE_1 + zE_2 + x^2 z E_3$와 $Z = \cos x\, E_1 + e^{yz} E_3$에 대하여 다음을 계산하여라.

(i) $\nabla_Y Z$ (ii) $\nabla_Z Y$

(iii) $\nabla_Y \nabla_Y Z$ (iv) $\nabla_Y \nabla_Z Y - \nabla_Z \nabla_Y Y$

06 함수 $F: R^3 \to R^2$가 $F(x, y, z) = (y \cos x, e^x z)$일 때, $dF_p(v)$를 구하여라.

(i) $p = (0, 0, 0)$, $v = (2, 1, -1)$ (ii) $p = (0, 1, -1)$, $v = (2, 1, -1)$

07 R^n상에서 정의 된 미분가능한 함수 $f: R^n \to R$에 대하여 임의의 점 p에서 $F: \{w \in T_pR^n \mid \|w\| = 1\} \to R$가 $F(v) = v_p[f]$로 정의될 때 F가 최대값을 가질 필요충분조건은 $v_p = \dfrac{\nabla f}{\|\nabla f\|}(p)$임을 증명하여라.

08 함수 $F,\ G: R^2 \to R^2$가 $F(x,\ y) = (x+y,\ x-y)$, $G(x,\ y) = (e^x,\ e^y)$일 때, $\mathfrak{J}(G \circ F)(p) = (\mathfrak{J}G)(F(p))(\mathfrak{J}F)(p)$임을 보여라.

09 $F: R^3 \to R^2$가 $F(0,\ 0,\ 0) = (1,\ 2)$이고 계수가 $(\mathfrak{J}F)(0) = \begin{pmatrix} 1 & 0 & 2 \\ 0 & 1 & 1 \end{pmatrix}$인 함수이고 $G: R^2 \to R^2$는 $G(x,\ y) = (x+2y+1,\ xy)$일 때, $(\mathfrak{J}(G \circ F))(0)$을 구하여라.

제3장

곡선론

DIFFERENTIAL GEOMETRY

3.1 정칙곡선

정의 3.1

> 열린 구간 $(a,\ b)$상에서 정의된 미분가능한 함수 $\alpha : (a,\ b) \to R^n$를 R^n상에서 **곡선**(curve)이라 한다. 특히, $\alpha'(t) \neq 0\,(t \in (a,\ b))$일 때, 곡선 α를 **정칙곡선**(regular curve)이라고 한다.

예제 3.2 (1) $\alpha(t) = (t,\ t^2,\ t^3)$은 R^3상에서 정칙곡선이다.

(2) $\alpha(t) = (t,\ t^2+3)$는 정칙곡선이다.

(3) $\alpha(t) = (t,\ t^2,\ \sqrt{t})$는 구간 $(-1,\ 1)$에서 곡선이 아니다. 그러나 구간 $(0,\ 1)$에서는 정칙곡선이다.

▎참고 곡선이란 함수의 상(image)을 의미하는 것이 아니다. 즉, 여러 다른 곡선이 같은 상(image)을 가질 수 있다.

예제 3.3 (1) $\alpha(t) = (\cos t,\ \sin t,\ 0)\,(0 < t < 2\pi)$와 $\beta(t) = (\cos 2t,\ \sin 2t,\ 0)$ $(0 < t < \pi)$는 상(image)이 모두 반지름이 1인 원(circle)으로 같지만 서로 다른 곡선이다.

(2) 곡선 $\alpha : (-\infty,\ \infty) \to R^3$, $\alpha(t) = (t,\ 0,\ 0)$는 정칙곡선이다. 그러나, $\beta : (-\infty,\ \infty) \to R^3$, $\beta(t) = (t^3,\ 0,\ 0)$는 α와 상은 같지만, 정칙곡선이 아니다.

정의 3.4

정칙곡선 $\alpha:(a,\ b)\to R^n$가 주어질 때, $\alpha'(t_0)$를 $t=t_0$에서 곡선의 **속도벡터**(velocity vector)라고 하고, $\alpha'(t)$를 **속도벡터장**(velocity vector field)라고 한다. 그리고, $\|\alpha'(t_0)\|$를 곡선 α의 $t=t_0$에서 **속력**(speed)라고 한다. 더구나 $T(t)=\dfrac{\alpha'(t)}{\|\alpha'(t)\|}$는 곡선 α의 **단위속력벡터장**(unit speed vector field)이다.

예제 3.5 (1) 단위속력벡터 $T(t)$는 $T'(t)$과 수직, 즉 $\langle T(t),\ T'(t)\rangle=0$이다.

(2) 정칙곡선 α의 한 점 $t=t_0$에서의 **접선 l의 방정식**은

$$\beta(s)=\alpha(t_0)+s\,T(t_0),\quad s\in R$$

이다.

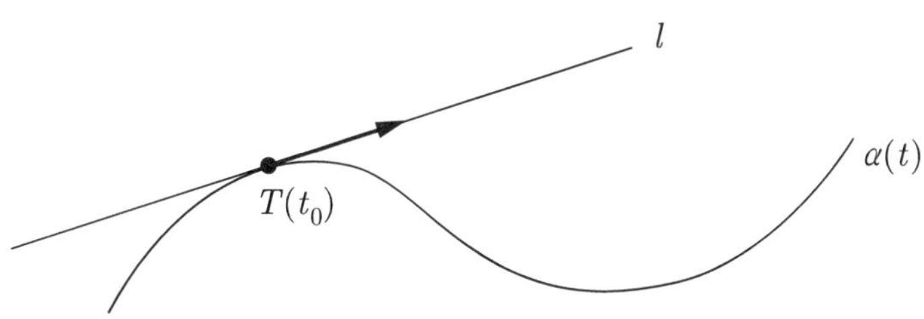

예제 3.6 미분가능한 함수 $f:(a,\ b)\to R$에 대해서 $\alpha:(a,\ b)\to R^3$가

$$\alpha(t)=(t,\ f(t),\ 0)$$

로 주어지면, α는 항상 정칙곡선이다. 왜냐하면 $\|\alpha'(t)\|=\sqrt{1+f'(t)^2}\neq 0$이다.

정의 3.7

주어진 두 곡선 $\alpha : (a,\ b) \to R^n$와 $\beta : (c,\ d) \to R^n$에 대하여 미분동형사상(diffeomorphism) $h : (c,\ d) \to (a,\ b)$, $t = h(s)$가 존재하여 다음 등식

$$\beta(s) = (\alpha \circ h)(s)$$

를 만족할 때, β를 α의 **재매개화곡선**(reparametrization)이라고 한다.

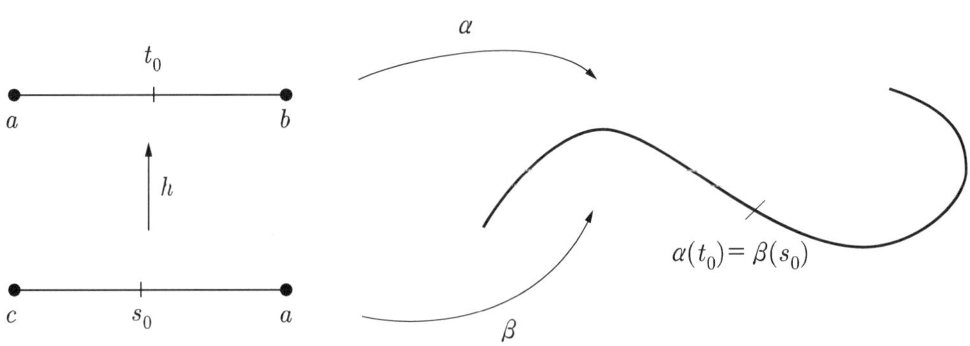

정리 3.8

정칙곡선 $\alpha : (a,\ b) \to R^n$에 대하여 재매개화곡선 $\beta : (c,\ d) \to R^n$도 정칙곡선이다.

증명 곡선 β가 α의 재매개화 곡선이므로 미분동형사상 $h : (c,\ d) \to (a,\ b)$, $t = h(s)$가 존재하여, $\beta(s) = (\alpha \circ h)(s)$이다. 따라서, 연쇄법칙(chain rule)에 의하여

$$\frac{d\beta}{ds} = \frac{d\alpha}{dt}\frac{dh}{ds}$$

이다. 한편 미분동형사상 h가 역함수를 가지기 때문에 $\frac{dh}{ds} \neq 0$이고 α가 정칙곡선이기 때문에 $\frac{d\alpha}{dt} \neq 0$이다. 따라서 $\frac{d\beta}{ds} \neq 0$, 즉, β는 정칙곡선이다. □

예제 3.9 곡선 $\alpha(t)=(\cos t,\ \sin t,\ 0)(0<t<2\pi)$, $\beta(s)=(\cos 3s,\ \sin 3s,\ 0)$ $\left(0<s<\frac{2}{3}\pi\right)$에 대해서 곡선 β는 곡선 α의 재매개화 곡선이다. 실제 $h(s)=3s$라 두면 $h:\left(0,\ \frac{2}{3}\pi\right)\to(0,\ 2\pi)$는 미분동형사상이고 $\beta(s)=\alpha(h(s))$이다.

3.2 호길이 함수

폐구간 $[a,\ b]$에서의 곡선을 다음과 같이 정의하자. 즉, $\alpha:[a,\ b]\to R^n$가 폐구간 $[a,\ b]$를 포함하는 열린구간 $(c,\ d)(\supset[a,\ b])$상에서 $\beta|_{[a,\ b]}=\alpha$을 만족하는 곡선 $\beta:(c,\ d)\to R^n$가 존재할 때, α를 또한 **곡선**이라고 한다. 따라서 열린구간이든 닫힌구간이든 곡선을 정의할 수 있다.

정의 3.10

정칙곡선 $\alpha:[a,\ b]\to R^n$의 **길이**(length) $L[\alpha]$는

$$L[\alpha]=\int_a^b\|\alpha'(t)\|\,dt$$

으로 정의된다.

정리 3.11

정칙곡선의 길이는 재매개화에 불변이다. 즉 곡선 α의 재매개화곡선을 β라 할 때

$$L[\alpha]=L[\beta]$$

이다.

증명 곡선 $\beta : [c, d] \to R^n$을 곡선 $\alpha : [a, b] \to R^n$의 재매개화곡선이라 하자. 즉, 미분가능한 함수 $h : [c, d] \to [a, b]$, $h'(t) \neq 0$에 대하여 $\beta(t) = (\alpha \circ h)(t)$이다. 그러면 연쇄법칙에 의해

$$\|\beta'(t)\| = \|\alpha'(h(t))\| \, |h'(t)|$$

가 성립한다. 따라서 곡선 β의 길이 $L[\beta]$는

$$L[\beta] = \int_c^d \|\beta'(t)\| dt = \int_c^d \|\alpha'(h(t))\| \, |h'(t)| dt. \tag{3.1}$$

(a) 만약 $h'(t) > 0$ 경우, $h(c) = a$, $h(d) = b$이다. 따라서 $u = h(t)$로 두면

$$L[\beta] = \int_a^b \|\alpha'(u)\| du = L[\alpha].$$

(b) 만약 $h'(t) < 0$ 경우, $h(c) = b$, $h(d) = a$이다. 따라서 (3.1)로부터

$$\begin{aligned} L[\beta] &= \int_c^d \|\alpha'(u)\|(-h'(t))dt = -\int_b^a \|\alpha'(u)\| du \\ &= \int_a^b \|\alpha'(u)\| du = L[\alpha]. \end{aligned}$$

따라서 (a)와 (b)로부터 정리가 증명된다. □

정의 3.12

> 정칙곡선 $\alpha : [a, b] \to R^n$에 대하여 함수 $s : [a, b] \to [0, L]$를
>
> $$s(t) = \int_a^t \|\alpha'(u)\| du$$
>
> 로 정의할 때, s를 곡선 α의 **호길이 함수**(arc length function)라 한다.

참고 호길이 함수 s는 항상 증가함수이다. 즉, $s'(t) = \|\alpha'(t)\| > 0$이다. 따라서 역함수 정리에 의해 미분가능한 역함수가 존재한다.

정리 3.13 임의의 정칙곡선은 항상 단위속력곡선으로 재매개화가 가능하다.

증명 곡선 $\alpha : [a, b] \to R^n$를 정칙곡선이라 하자. 호길이 함수 $s = s(t)$의 역함수 $h = s^{-1}$ $(t = h(s))$는 미분가능이고

$$\frac{dh}{ds} = \frac{dt}{ds} = \frac{1}{\|\alpha'(t)\|} \tag{3.2}$$

이다. 그러므로 곡선 β를 $\beta(s) = (\alpha \circ h)(s)$로 두면 정리 3.8에 의해 $\beta : [0, L] \to R^n$는 정칙곡선이다. 이제 β가 단위속력곡선임을 보이자. 실제로 (3.2)에 의해 $\beta'(s) = \alpha'(t)\dfrac{dh}{ds} = \dfrac{\alpha'(t)}{\|\alpha'(t)\|}$이므로 $\|\beta'(s)\| = 1$이다. 즉, β는 단위속력을 갖는 정칙곡선이다. □

예제 3.14 곡선 $\alpha(t) = (2\cos t,\ 2\sin t,\ 1)(0 \le t \le 2\pi)$의 단위속력을 갖는 재매개화곡선을 구하여라.

풀이 $\alpha'(t) = (-2\sin t,\ 2\cos t,\ 0)$이니까 속력은 $\|\alpha'(t)\| = 2$이다. 따라서 호길이 함수는 $s(t) = 2t$이고 역함수는 $h(s) = \dfrac{s}{2}$이다. 그러므로 곡선 α의 단위속력 재매개화곡선(unit speed reparametrization) β는

$$\beta(s) = \alpha(h(s)) = \left(2\cos\frac{s}{2},\ 2\sin\frac{s}{2},\ 1\right)$$

이다. 왜냐하면 $\beta'(s) = \left(-\sin\dfrac{s}{2},\ \cos\dfrac{s}{2},\ 0\right)$이므로 $\|\beta'(s)\| = 1$이다.

예제 3.15 나선(helix) $\alpha(t) = (a\cos t,\ a\sin t,\ bt)(a,\ b : \text{상수})$에 대한 단위속력을 갖는 재매개화곡선을 구하여라.

풀이 나선의 속도와 속력을 계산하면

$$\alpha'(t) = (-a\sin t,\ a\cos t,\ b), \quad \|\alpha'(t)\| = \sqrt{a^2 + b^2}$$

이다. 따라서 호길이 함수 s와 역함수 $h(s)$는 각각

$$s(t)=\sqrt{a^2+b^2}\ t,\quad h(s)=\frac{1}{\sqrt{a^2+b^2}}s$$

이다. 그러므로 곡선 α의 단위속력을 갖는 재매개화곡선 β는

$$\beta(s)=\alpha(h(s))=(a\cos\omega s,\ a\sin\omega s,\ b\omega s)\ \left(\omega=\frac{1}{\sqrt{a^2+b^2}}\right)$$

이다. 실제로 $\|\beta'(s)\|=1$임을 쉽게 볼 수 있다.

3.3 곡률

3.3.1 평면곡선의 곡률

정의 3.16

R^2상의 단위속력곡선 $\alpha:(a,\ b)\to R^2$의 **(부호)곡률**(signed curvature) k_2는

$$k_2(s)=\langle T'(s),\ N\rangle$$

으로 정의된다. 여기서 $N=JT$, $J(x,\ y)=(-y,\ x)$이다.

예제 3.17 직선의 곡률은 0이다. 왜냐하면 직선의 방정식은 $\alpha(s)=p+sv$이다. 여기서 $p,\ v$는 상수벡터이고 $\|v\|=1$이다. 따라서 $T'(s)=\alpha''(s)=0$이므로 $\kappa_2=0$이다.

예제 3.18 반지름 r인 원 $\alpha(s)=\left(r\cos\frac{s}{r},\ r\sin\frac{s}{r}\right)$의 곡률은 $\kappa_2=\frac{1}{r}$이고 $\beta(s)=\left(r\cos\frac{s}{r},\ -r\sin\frac{s}{r}\right)$의 곡률은 $\kappa_2=-\frac{1}{r}$임을 보여라.

풀이 속도가 $\alpha'(s)=\left(-\sin\frac{s}{r},\ \cos\frac{s}{r}\right)$이기 때문에 $\|\alpha'(s)\|=1$이다. 따라서 주어진 곡선은 단위속력곡선이고 $T=\alpha'(s)$, $N=JT=\left(-\cos\frac{s}{r},\ -\sin\frac{s}{r}\right)$이다. 그러므로 $\kappa_2=\langle T'(s),\ N(s)\rangle=\frac{1}{r}$이다. 유사하게 $\kappa_{2\beta}=-\frac{1}{r}$임을 알 수 있다.

보조정리 3.19

> R^2상의 단위속력곡선 α에 대하여
>
> $$\alpha''(s)=\kappa_2(s)J\alpha'(s)$$
>
> 이 성립한다.

증명 곡선위의 한 점 $\alpha(s)$상에서 $\{T(s),\ N(s)\}$는 정규직교기이다. 따라서

$$\alpha''(s)=T'=\langle T',\ T\rangle T+\langle T',\ N\rangle N=\kappa_2 N=\kappa_2 JT=\kappa_2 J\alpha'(s)$$

이다. □

보조정리 3.20

> 임의의 정칙곡선 $\alpha:(a,\ b)\to R^2$에 대하여
>
> $$\alpha''(t)=\|\alpha'(t)\|T'(t)+\|\alpha'(t)\|'T(t)$$
>
> 가 성립한다.

증명 곡선 α가 정칙이기 때문에 단위속력벡터는 $T(t)=\frac{\alpha'(t)}{\|\alpha'(t)\|}$이다. 따라서 미분하면

$$T'(t)=\frac{1}{v}\alpha''(t)-\frac{v'}{v^2}\alpha'(t),\quad v=\|\alpha'(t)\|$$

이다. 그러므로 정리가 증명된다. □

정리 3.21

임의의 속력을 갖는 평면곡선 $\alpha:(a,\ b) \to R^2$의 곡률 κ_2는

$$\kappa_2(t) = \frac{\langle \alpha''(t),\ J\alpha'(t) \rangle}{\|\alpha'(t)\|^3}$$

이다.

▎증명 곡선 α의 호길이 함수 s로의 재매개화 곡선을 β라 하면 $\alpha(t)$에서의 곡률 $\kappa_2(\alpha)$와 $\beta(s(t))$에서의 곡률 $\kappa_2(\beta)$는 같다. 즉, $\kappa_2(\alpha(t)) = \kappa_2(\beta(s))$이다. 또한 $T(t) = T(s(t))$이므로 $\dfrac{dT}{ds} = \dfrac{dT}{dt}\dfrac{dt}{ds} = \dfrac{1}{\|\alpha'(t)\|}\dfrac{dT}{dt}$이다. 따라서 만약 $v = \|\alpha'(t)\|$라 두면

$$\begin{aligned}\kappa_2(\alpha(t)) &= \kappa_2(\beta(s)) = \langle\, T'(s),\ JT(s)\rangle \\ &= \frac{1}{v}\langle\, T'(t),\ JT(t)\rangle = \frac{1}{v^2}\langle\, T'(t),\ J\alpha'(t)\rangle\end{aligned}$$

이다. 그러므로 $\langle\, J\alpha'(t),\ \alpha'(t)\rangle = 0$이기 때문에 보조정리 3.20에 의해 등식이 성립한다. □

정리 3.22

평면상의 정칙곡선 $\alpha:(a,\ b) \to R^2$의 재매개화곡선을 $\beta:(c,\ d) \to R^2$라 할 때, 미분가능한 함수 $h:(c,\ d) \to (a,\ b)$에 대하여 $\beta(t) = (\alpha \circ h)(t)$일 때

$$\kappa_2(\beta) = \epsilon\kappa_2(\alpha).$$

여기서 $\epsilon = sgn h'(t)$이다.

▎증명 먼저 $\beta'(t) = h'(t)\alpha'(u)$, $\beta''(t) = h'(t)^2\alpha''(u) + h''(t)\alpha'(u)$, $u = h(t)$이므로 정리 3.21에 의해

$$
\begin{aligned}
\kappa_2(\beta) &= \frac{\langle \beta''(t),\ J\beta'(t) \rangle}{\|\beta'(t)\|^3} \\
&= \frac{h'(t)^3 \langle \alpha''(u),\ J\alpha'(u) \rangle}{|h'(t)|^3 \|\alpha'(u)\|^3} \\
&= sgn\, h'(t)\kappa_2(\alpha)
\end{aligned}
$$

이다. □

예제 3.23 반지름 r인 원 $\alpha(t) = (r\cos t,\ r\sin t)$의 곡률 κ_2를 구하여라.

▌풀이 $\alpha'(t) = (-r\sin t,\ r\cos t)$, $\alpha''(t) = (-r\cos t,\ -r\sin t)$이고 $\|\alpha'(t)\| = r$이기 때문에 $\kappa_2(t) = \dfrac{1}{r^3}\langle \alpha''(t),\ J\alpha'(t) \rangle = \dfrac{1}{r}$이다.

예제 3.24 (**8자 곡선**) 곡선 $\alpha(t) = (\sin t,\ \sin t\cos t)$ $(0 \le t \le 2\pi)$에 대한 곡률 κ_2를 구하여라.

▌풀이 속도와 가속도는 $\alpha'(t) = (\cos t,\ \cos 2t)$, $\alpha''(t) = (-\sin t,\ -2\sin 2t)$이다. 그리고 $J\alpha'(t) = (-\cos 2t,\ \cos t)$이기 때문에

$$
\begin{aligned}
\langle \alpha''(t),\ J\alpha'(t) \rangle &= \sin t\cos 2t - 2\cos t\sin 2t \\
&= \sin t(2\sin^2 t - 3)
\end{aligned}
$$

이다. 그리고 $\|\alpha'(t)\| = \sqrt{\cos^2 t + \cos^2 2t}$ 이기 때문에

$$
\kappa_2(t) = \frac{\sin t(2\sin^2 t - 3)}{(\cos^2 t + \cos^2 2t)^{3/2}}
$$

가 됨을 알 수 있다.

```
In[3]:= ParametricPlot[{Sin[t], Sin[t] Cos[t]}, {t, 0, 2 Pi}, Aspectratio → Automatic]
```

Out[3]=

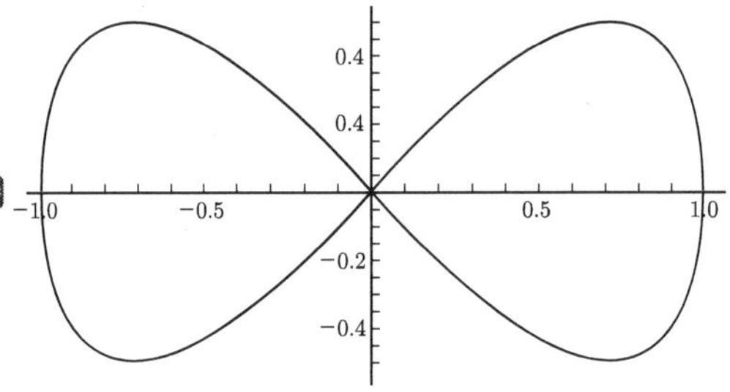

문제 3.25 (Lemniscate) 곡선 $\alpha(t)=\left(\dfrac{\cos t}{1+\sin^2 t},\ \dfrac{\sin t\cos t}{1+\sin^2 t}\right)$의 곡률 κ_2를 구하여라.

```
In[2]:= lem[a_] [t_] := {a*Cos[t] / (1+Sin[t]^2), a*Sin[t]*Cos[t] / (1+Sin[t]^2)}

In[4]:= ParametricPlot[Table[lem[a] [t], {a, 2, 8, 2}] //Evaluate, {t, 0, 2 Pi}, AspectRatio → Automatic];
```

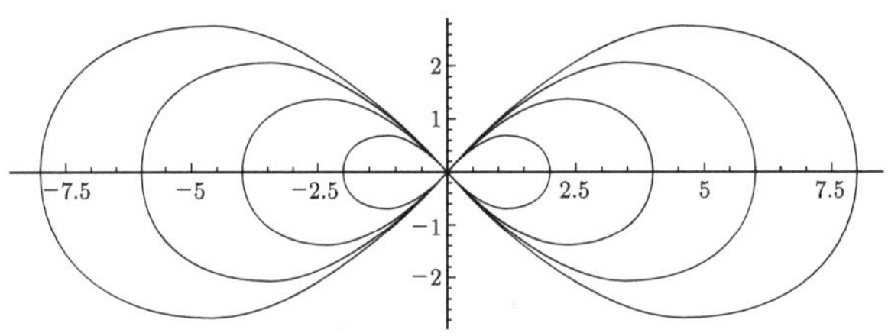

문제 3.26 (Logarithmic spirals) 곡선 $\alpha(t)=(ae^{bt}\cos t,\ ae^{bt}\sin t)$의 곡률 κ_2를 구하여라.

```
In[2]:= ParametricPlot[{E^(0.08 t) Cos[t], E^(0.08 t) Sin[t]}, {t, 0, 8 Pi}, AspectRatio → Automatic];
```

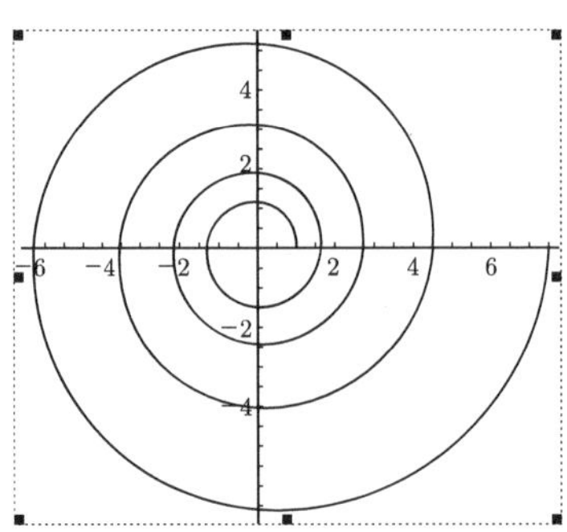

문제 3.27 (Cycloids) 곡선 $\alpha(t) = (at - b\sin t,\ a - b\cos t)$의 곡률 κ_2를 구하여라.

```
In[3]:= ParametricPlot[{t-Sin[t], 1-Cos[t]}, {t, -Pi/2, 5Pi/2}, AspectRatio → Automatic];
```

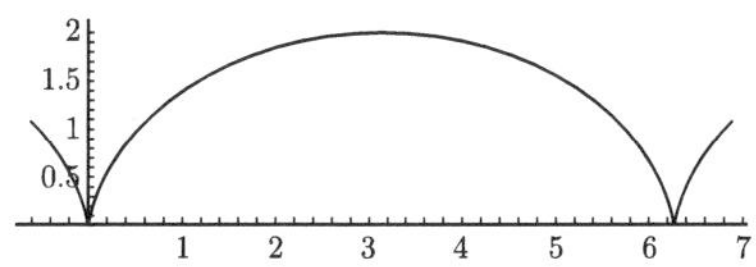

```
In[8]:= ParametricPlot[{t-3Sin[t], 1-3Cos[t]}, {t, -Pi/2, 6Pi/2}, AspectRatio → Automatic];
```

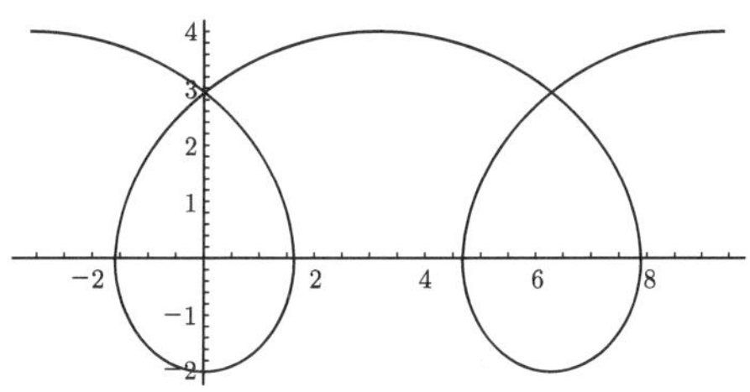

문제 3.28 (Cardioids) 곡선 $\alpha(t) = (2a\cos t(1 + \cos t),\ 2a\sin t(1 + \cos t))$의 곡률 κ_2를 구하여라.

```
In[2]:= ParametricPlot[(1+Cos[t]) {Cos[t], Sin[t]}, {t, 0, 1Pi}, AspectRatio → Automatic];
```

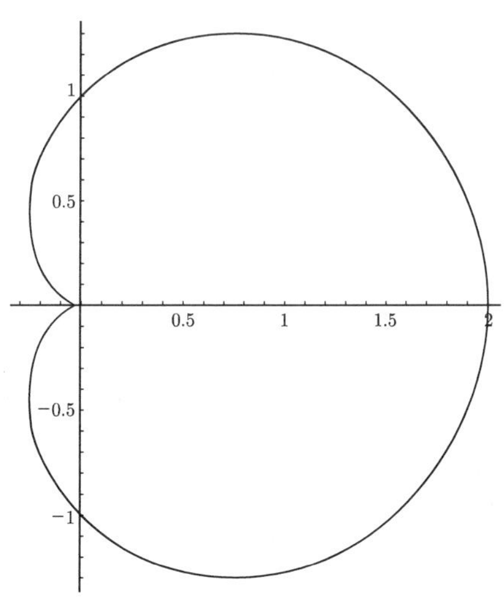

문제 3.29 (Limacon) 곡선 $\alpha(t)=(2\cos t(1+2\cos t),\ 2\sin t(1+2\cos t))$의 곡률 κ_2를 구하여라.

```
In[1]:= limacon[t_] := {(1+2Cos[t])*Cos[t], (1+2Cos[t])*Sin[t]}
In[5]:= ParametricPlot[limacon[t], {t, 0, 2 Pi}, AspectRatio → Automatic];
```

Out[5]=

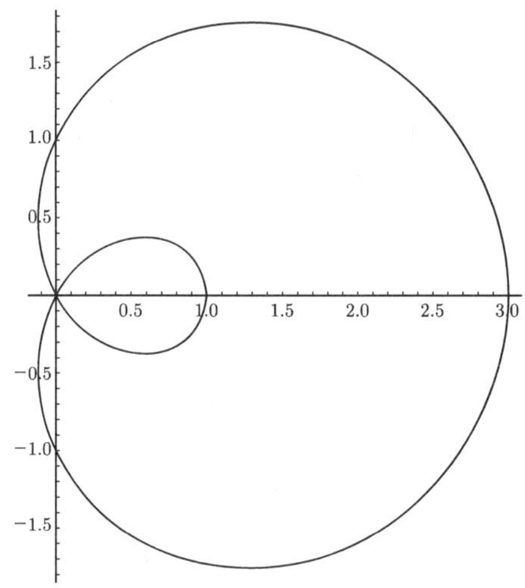

정리 3.30

R^2상의 정칙곡선 α의 곡률 $k_2=$상수일 필요충분조건은 α가 반지름 $\dfrac{1}{|k_2|}$인 원의 일부분이거나 직선의 일부분이다.

증명 먼저 직선과 원의 곡률은 상수임이 분명하다. 역을 증명한다. 일반성을 잃지 않고 곡선 α를 단위속력곡선이라 하자. 곡률 κ_2가 상수, 즉, $\kappa_2=c$라 가정하자.

(i) $c=0$일 때, 정리 3.19로부터 $\alpha''(s)=0$이다. 그러므로 $\alpha(s)=p+sv$ (p, v는 상수벡터)이다. 즉, α는 직선이다.

(ii) $c\neq 0$일 때, 새로운 곡선 γ를

$$\gamma(s)=\alpha(s)+\frac{1}{c}J\alpha'(s)$$

로 정의하면 정리 3.19로부터 $\gamma'(s)=0$이다. 따라서 $\gamma(s)=p$는 상수벡터이다. 그러므로

$$\|\alpha(s)-p\|=\frac{1}{c}$$

이다. 즉 α는 원의 일부분이다. □

정리 3.31

R^n상의 단위속력곡선 $\alpha : (a, b) \to R^2$의 곡률은

$$k_2 = \frac{d\theta}{ds}$$

로 주어진다. 여기서 $\theta(s) = \angle(T(s), e_1)$, $e_1 = (1, 0)$이다.

증명 곡선 $\alpha : (a, b) \to R^2$이 단위속력곡선이므로, 각 $\theta(s)$에 대해서 속도벡터는

$$\alpha'(s) = (\cos\theta(s), \sin\theta(s))$$

로 표현할 수 있고, 법벡터 $N = J\alpha'(s)$은 $N(s) = (-\sin\theta(s), \cos\theta(s))$이다. 따라서, 곡률 κ_2는

$$\begin{aligned} k_2(s) &= \langle T'(s), N(s) \rangle \\ &= \langle \theta'(s) N(s), N(s) \rangle = \theta'(s) \end{aligned}$$

이다. 즉, 평면곡선의 곡률은 접벡터와 x축이 이루는 각의 변화량이다. □

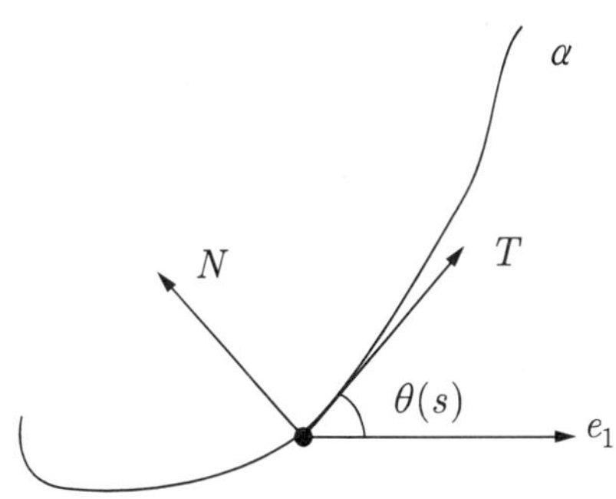

따름 정리 3.32

> R^2상에서 곡률 κ_2로 주어지는 단위속력곡선 α의 방정식은
>
> $$\alpha(s) = \left(\int \cos\theta(s)\,ds + c,\ \int \sin\theta(s)\,ds + d\right),$$
> $$\theta(s) = \int \kappa_2(s)ds + \theta_0$$
>
> 이다. 여기서 c, d, θ_0는 상수이다.

| 증명 곡선 α가 단위속력곡선이므로 정리 3.31로부터 증명이 따른다. □

| 참고 평면상에서 곡률함수 κ_2가 주어질 때 곡선의 방정식을 푸는 문제는 곡률이 상수가 아니면 일반적으로 어렵지만 Mathcmatica를 활용하면 곡선의 그래프를 근사적으로 구할 수 있다 [2].

(1) $\kappa_2(s) = s$인 곡선의 그래프

```
In[1]:= intrinsic[fun_, a_:0, {c_:0, d_:0, theta0_:0}, {smin_:-10, smax_:10}][t_] :=
        Flatten[Module[{x, y, theta},
          {x[t], y[t]} /.
            NDSolve[{x' [ss] == Cos[theta[ss]], y' [ss] == Sin[theta[ss]],
              theta' [ss] == fun[ss], x[a] == c, y[a] == d, theta[a] == theta0},
             {x, y, theta}, {ss, smin, smax}]]]

In[2]:= Plotintrinsic[fun_, a_:0, {c_:0, d_:0, theta0_:0}, {smin_:-10, smax_:10},
          optspp_] :=
         ParametricPlot[
          Module[{x, y, theta},
            {x[t], y[t]} /. NDSolve[{x' [ss] == Cos[theta[ss]], y' [ss] == Sin[theta[ss]],
              theta' [ss] == fun[ss], x[a] == c, y[a] == d, theta[a] == theta0},
               {x, y, theta}, {ss, smin, smax}]] // Evaluate, {t, smin, smax},
          AspectRatio → Automatic, optspp];

In[6]:= Plotintrinsic[(#) &, 0, {0, 0, 0}, {-18, 18}, PlotPoints → 80]
```

Out[6]=

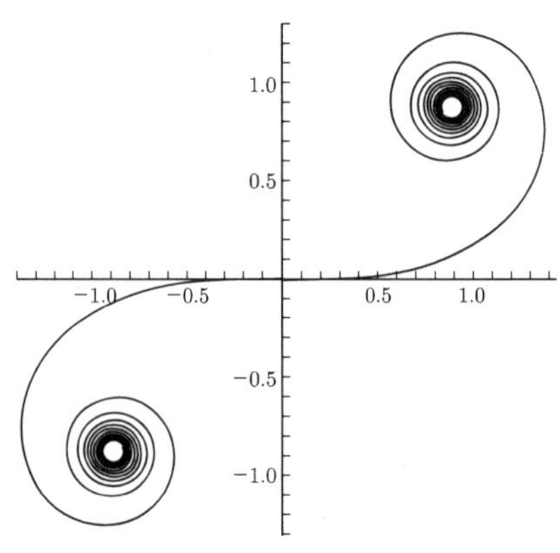

(2) $\kappa_2(s) = \sin s$인 곡선

```
In[8]:= ParametricPlot[(Sin[#]) &, 0, {0, 0, 0}, {-18, 18}, PlotPoints → 80];
```

Out[3]=

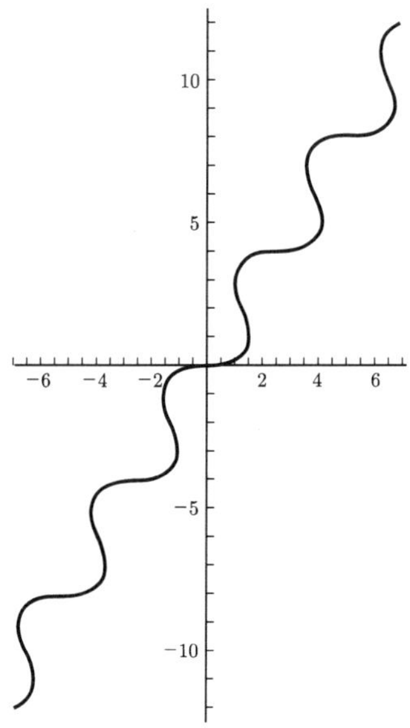

(3) $\kappa_2(s) = s \sin s$의 그래프

```
In[12]:= Plotintrinsic[(#Sin[#]) &, 0, {0, 0, 0}, {-20, 20}, PlotPoints → 80]
```

Out[12]=

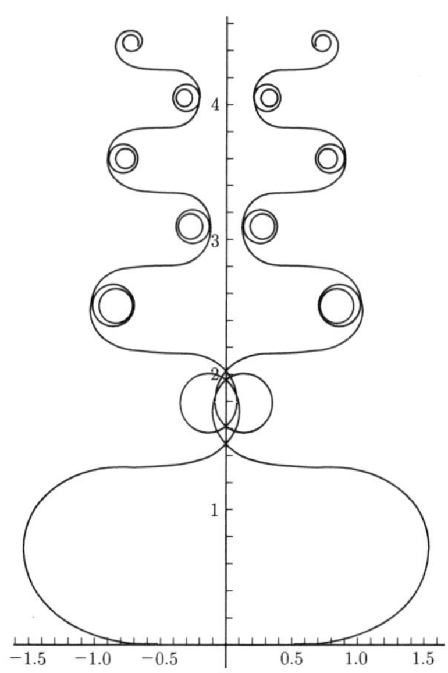

(4) $\kappa_2(s)=s$의 다양한 모양

```
In[13]:= ParametricPlot[Table[intrinsic[# &, 0, {0, 0, a}, {-10, 10}] [t],
         {a, 0, 2 Pi / 3, Pi / 3}] // Evaluate, {t, -10, 10}, AspectRatio → Automatic]
```

Out[13]=

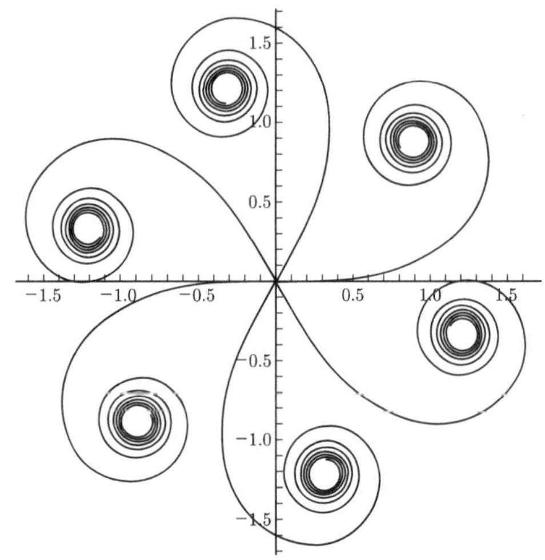

3.3.2 공간곡선의 곡률

정의 3.33

> R^n상의 단위속력곡선 $\alpha:(a,\ b)\to R^n$의 **곡률**(curvature) k는
>
> $$k(s)=\|\alpha''(s)\|$$
>
> 로 정의된다.

예제 3.34 정칙곡선 $\alpha:(a,\ b)\to R^n$가 직선일 필요충분조건은 곡률 $\kappa=0$이다.

❙ 풀이 직선의 방정식은 상수 벡터 $p,\ v$에 대하여 $\alpha(t)=p+tv$이다. 따라서 $\alpha''(t)=0$이다.

정리 3.35

> R^2상의 단위속력곡선 $\alpha : (a, b) \to R^2$에 대하여 다음 등식
>
> $$\kappa = |\kappa_2|$$
>
> 이 성립한다.

증명 정리 3.19에 의해 $\kappa = \|\alpha''(s)\| = \|\kappa_2 J\alpha'(s)\| = |\kappa_2| \, \|\alpha'(s)\| = |\kappa_2|$이다. □

정의 3.36

> 단위속력곡선 $\alpha : (a, b) \to R^3 \ (\kappa \neq 0)$에 대하여
>
> $$T(s) = \alpha'(s), \quad N(s) = \frac{1}{k(s)} T'(s), \quad B(s) = T(s) \times N(s)$$
>
> 를 각각 α의 **접벡터장**(tangent vector field), **법벡터장**(normal vector field), **종법벡터장**(binormal vector field)이라고 하고, $\{T, N, B\}$를 정칙곡선 α의 Frenet **표구장**(Frenet frame field)이라고 한다.

예제 3.37 곡선 $\alpha : (a, b) \to R^n$상에서 정의된 상수 길이를 가지는 벡터장 $F(t)$에 대해서 $\langle F(t), F'(t) \rangle = 0$이다.

정리 3.38

> (Frenet **공식**) 단위속력곡선 $\alpha : (a, b) \to R^3 (k \neq 0)$에 대하여 Frenet 표구장은 다음 등식을 만족한다. 즉,
>
> $$\begin{pmatrix} T'(s) \\ N'(s) \\ B'(s) \end{pmatrix} = \begin{pmatrix} 0 & k(s) & 0 \\ -k(s) & 0 & \tau(s) \\ 0 & -\tau(s) & 0 \end{pmatrix} \begin{pmatrix} T \\ N \\ B \end{pmatrix}$$
>
> 이다. 여기서, $\tau(s) = \langle N', B \rangle$를 **비틀림율**(torsion)이라고 한다.

증명 (i) 곡률의 정의에 의해 $T'(s)=k(s)N(s)$는 분명하다.

(ii) 한편, $\{T, N, B\}$가 정규직교기저이기 때문에 정리 1.22에 의해

$$N' = \langle N', T\rangle T + \langle N', N\rangle N + \langle N', B\rangle B$$

로 표현할 수 있고 $\langle N, N'\rangle = 0$, $\langle N', T\rangle = -\langle N, T'\rangle = -k$이기 때문에 $N' = -kT + \tau B$이다.

(iii) $B' = -\tau N$은 정리 1.22로부터 증명된다. □

예제 3.39 원 $\alpha(s)=\left(r\cos\frac{s}{r},\ r\sin\frac{s}{r},\ 0\right)$의 곡률 k와 비틀림율 τ를 구하여라.

풀이 $\alpha'(s)=\left(-\sin\frac{s}{r},\ \cos\frac{s}{r},\ 0\right)$이니까 $\|\alpha'(s)\|=1$이다. 따라서 α는 단위속력곡선이다. 그러므로

$$k=\|\alpha''(s)\|=\frac{1}{r}$$

이고, $N=\frac{1}{k}T'=\frac{1}{\kappa}\alpha''=\left(-\cos\frac{s}{r},\ -\sin\frac{s}{r},\ 0\right)$, $B=T\times N=(0,\ 0,\ 1)$이므로, 비틀림율 τ는 $\tau=\langle N', B\rangle = -\langle B', N\rangle = 0$이다.

예제 3.40 (Helix) R^3상에서의 나선(helix) α는

$$helix[a,\ b](s)=(a\cos\omega s,\ a\sin\omega s,\ b\omega s)\ (a>0),\quad \omega=\frac{1}{\sqrt{a^2+b^2}}$$

으로 주어진다. 이때 곡률 κ와 비틀림율 τ를 구하여라.

```
In[5]:= ParametricPlot3D[Evaluate[helix[1, .2][t]], {t, 0, 4 Pi}, PlotPoints → 200,
        Axes → None, PlotRange → {{-1, 1}, {-1, 1}, {0, 0.8 Pi}}];
```

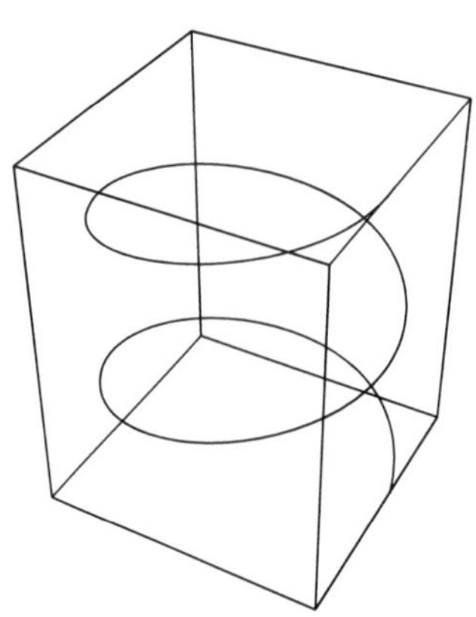

풀이 곡선 $\alpha(s) = helix[a, b](s)$라 두면 $\alpha'(s) = \omega(-a\sin\omega s,\ a\cos\omega s,\ b)$이므로 $\|\alpha'(s)\| = 1$이다. 즉, α는 단위속력곡선이다. 따라서

$$\alpha''(s) = \omega^2(-a\cos\omega s,\ -a\sin\omega s,\ 0),$$
$$\kappa(s) = \|\alpha''(s)\| = \frac{a}{a^2+b^2}.$$

한편, $N(s) = \dfrac{T'(s)}{\kappa} = \dfrac{\alpha''(s)}{\kappa} = (-\cos\omega s,\ -\sin\omega s,\ 0)$이고 $B = T\times N$이므로

$$B(s) = \omega(b\sin\omega s,\ -b\cos\omega s,\ a), \quad B'(s) = \omega^2(b\cos\omega s,\ b\sin\omega s,\ 0)$$

이다. 따라서 $\tau(s) = -\langle B',\ N\rangle = \dfrac{b}{a^2+b^2}$이다.

정리 3.41 R^3상의 단위속력곡선 $\alpha : (a, b) \to R^3 (\kappa \neq 0)$가 평면곡선일 필요충분조건은 비틀림율 $\tau = 0$이다.

증명 ($\Rightarrow$) 단위속력곡선 α가 평면곡선이라 하자. 문제 1.44로부터 임의의 상수벡터 p, q에 대하여

$$\langle \alpha(t) - p,\ q\rangle = 0 \text{ 또는 } \langle \alpha(t),\ q\rangle = \text{상수} \tag{3.3}$$

이다. (3.3)을 미분하면

$$\langle T,\ q\rangle = \langle \alpha'(t),\ q\rangle = 0,$$
$$\langle T',\ q\rangle = \kappa\langle N,\ q\rangle = 0.$$

한편 $\kappa \neq 0$이기 때문에 위의 두 식으로부터

$$\langle T,\ q\rangle = 0 = \langle N,\ q\rangle$$

이다. 따라서 q는 B와 평행하고 $B = \dfrac{q}{\|q\|}$이다. 즉 $\tau = -\langle B',\ N\rangle = 0$이다.

($\Leftarrow$) 비틀림율 $\tau = 0$이라 하자. 즉, B=상수이다. 그러므로 함수 f를

$$f(t) = \langle \alpha(t) - \alpha(t_0),\ B\rangle$$

으로 정의하면 $f'(t) = \langle T, B \rangle = 0$이므로 f는 상수이다. 더구나 $f(t_0) = 0$이므로 $f(t) = 0$이다. 즉, 모든 t에 대하여

$$\langle \alpha(t) - \alpha(t_0),\ B \rangle = 0$$

이다. 따라서 곡선 α는 평면곡선이다. □

정리 3.42

> R^3상의 단위속력곡선 $\alpha : (a, b) \to R^3 (\kappa \neq 0)$가 원(circle)일 필요충분조건은 곡률 $\kappa = a$(상수)이고 비틀림율 $\tau = 0$이다.

증명 ($\Rightarrow$) 분명하다.

($\Leftarrow$) 비틀림율 $\tau = 0$이면 평면곡선(정리 3.41)이고 정리 3.35로부터 $\kappa = a$가 상수이면 $\kappa_2 =$ 상수이다. 따라서 정리 3.30으로부터 α는 원이다. □

정리 3.43

> R^3상의 단위속력곡선의 곡률 $\kappa =$ 상수$(\neq 0)$, 비틀림율 $\tau =$ 상수$(\neq 0)$이면 곡선은 나선(helix)이다.

증명 단위속력곡선 $\alpha : I \to R^3$, $\alpha(s) = (x(s), y(s), z(s))$의 곡률 $\kappa = a$(상수), 비틀림 $\tau = b$(상수)라 하자. 그러면 $\dfrac{\tau}{\kappa} = \dfrac{b}{a} =$ 상수이므로 상수 θ에 대하여

$$\frac{b}{a} = \cot\theta$$

로 둘 수 있다. 그러므로

$$\sin\theta = \frac{a}{c}, \quad \cos\theta = \frac{b}{c}, \quad c = \sqrt{a^2 + b^2}$$

이다. 한편 $u = \cos\theta T + \sin\theta B$라 두면 θ가 상수이므로 $u' = 0$이다. 따라서 u는 상수인 단위벡터이다. 더구나

$$\langle T,\ u \rangle = \cos\theta$$

이다. 따라서 상수벡터 u를 $u=(0,\ 0,\ 1)$로 선택하면 $T=(x'(s),\ y'(s),\ z'(s))$이므로

$$z'(s) = \langle T,\ u \rangle = \cos\theta = \frac{b}{c}$$

가 된다. 따라서 초기조건 $z(0)=0$을 잡으면,

$$z(s) = \frac{b}{c}s \tag{3.4}$$

이다. 한편, $\|\alpha'(s)\|=1$로부터 $x'(s)^2+y'(s)^2+z'(s)^2=1$이므로

$$x'^2+y'^2 = 1-z'^2 = \sin^2\theta = \left(\frac{a}{c}\right)^2$$

이다. 따라서 어떤 함수 $\phi(s)$에 의해

$$x'(s) = \frac{a}{c}\cos\phi(s),\quad y'(s) = \frac{a}{c}\sin\phi(s) \tag{3.5}$$

으로 표현되고 $x''(s) = -\dfrac{a}{c}\phi'(s)\sin\phi(s)$, $y''(s) = \dfrac{a}{c}\phi'(s)\cos\phi(s)$이다. 한편 $a=\kappa=\|\alpha''(s)\| = \left|\dfrac{a}{c}\phi'(s)\right|$이기 때문에

$$\phi'(s) = \pm c. \text{ 즉, } \phi(s) = \pm cs + d_1 \tag{3.6}$$

이다. 따라서 (3.5)와 (3.6)으로부터

$$x'(s) = \frac{a}{c}\cos(\pm cs + d_1),\quad y'(s) = \frac{a}{c}\sin(\pm cs + d_1)$$

이기 때문에

$$x(s) = \pm\frac{a}{c^2}\sin(\pm cs + d_1),\quad y(s) = \mp\frac{a}{c^2}\cos(\pm cs + d_1) \tag{3.7}$$

이 된다. 만약 초기조건을 $x'(0) = \dfrac{a}{c}$, $y'(0)=0$으로 하면, $d_1=0$이다. 따라서 (3.7)로부터

$$x(s)=\frac{a}{c^2}\sin(cs),\quad y(s)=\mp\frac{a}{c^2}\cos(cs) \tag{3.8}$$

가 된다. 그러므로 (3.4)와 (3.8)로부터

$$\alpha(s)=\left(\frac{a}{c^2}\sin(cs),\ \mp\frac{a}{c^2}\cos(cs),\ \frac{b}{c}s\right)$$

이다. 즉, α는 나선(helix)이다. □

정의 3.44

정칙곡선 α가 어떤 상수벡터 u에 대하여

$$\langle T, u\rangle = 상수$$

일 때, 곡선 α를 **일반나선**(general helix)이라 한다.

정리 3.45

R^3상에서의 단위속력곡선 $\alpha(\kappa\neq 0)$가 일반나선(general helix)일 필요충분조건은 $\frac{\tau}{\kappa}=상수$이다.

증명 ($\Rightarrow$) 곡선 α를 일반나선이라고 하자. 그러면 적당한 상수각 $\theta(s)(=상수)$와 상수인 단위벡터 $u(=상수)$가 있어서

$$\langle T(s),\ u\rangle = \cos\theta$$

이다. 위 식을 미분하면

$$0=\langle T'(s),\ u\rangle = \kappa\langle N(s),\ u\rangle$$

이다. 따라서 $\kappa\neq 0$이므로

$$\langle N(s),\ u\rangle = 0$$

이다. 즉, u가 N에 수직인 단위벡터이다. 그러므로 단위벡터 u는

$$u = \cos\theta T + \sin\theta B$$

로 표현된다. 이 식을 다시 미분하면

$$(\kappa\cos\theta - \tau\sin\theta)N = 0,\ 즉,\ \kappa\cos\theta = \tau\sin\theta \tag{3.9}$$

이다. 한편 $\sin\theta \neq 0$이다. 왜냐하면, 만약 $\theta = 0,\ \pi$이라면 $T(s) = \pm u$이고 $\kappa = T'(s) = 0$이 되어서 $\kappa \neq 0$라는 가정에 모순이다. 따라서 (3.9)로부터

$$\frac{\tau}{\kappa} = \frac{\cos\theta}{\sin\theta} = 상수$$

이다.

($\Leftarrow$) 만약 "$\frac{\tau}{\kappa} = 상수$"라고 가정하자. 즉, 적당한 상수 $0 < \theta < \pi$가 존재하여

$$\frac{\tau}{\kappa} = \cot\theta$$

로 표현할 수 있다. 만약 단위벡터 u를

$$u = \cos\theta T + \sin\theta B$$

로 정의하면 위 식으로 부터

$$u' = \kappa\cos\theta N - \tau\sin\theta N = 0$$

이다. 즉, u는 상수벡터이고

$$\langle T,\ u\rangle = \cos\theta$$

이다. 한편 θ가 상수이니까 $\langle T,\ u\rangle = 상수$, 즉 α는 일반나선이다. □

3.4 임의 속력 곡선

임의의 정칙곡선 $\alpha : (a,\ b) \to R^3$에 대하여 $v(t) = \|\alpha'(t)\|$라 하자.

정의 3.46

임의의 정칙곡선 $\alpha : (a,\ b) \to R^3$에 대하여 $\beta : (c,\ d) \to R^3$를 단위속력을 갖는 재매개화곡선이라 하자. 즉, $\alpha(t) = \beta(s(t))$이다. 이때 임의 곡선 α의 **곡률** κ_α, **비틀림율** τ_α는 다음과 같이 정의된다. 즉,

$$\kappa_\alpha(t) := \kappa_\beta(s(t)), \quad \tau_\alpha(t) := \tau_\beta(s(t))$$

$$T_\alpha(t) := T_\beta(s(t)), \quad N_\alpha(t) := N_\beta(s(t)), \quad B_\alpha(t) := B_\beta(s(t))$$

로 정의된다. 여기서 $s : (a,\ b) \to (c,\ d)$는 호길이 함수이다.

정리 3.47

임의의 정칙곡선 $\alpha : (a,\ b) \to R^3 (\kappa \neq 0)$에 대하여 Frenet 공식은

$$\begin{pmatrix} T'(t) \\ N'(t) \\ B'(t) \end{pmatrix} = \begin{pmatrix} 0 & vk(t) & 0 \\ -vk(t) & 0 & v\tau(t) \\ 0 & -v\tau(t) & 0 \end{pmatrix} \begin{pmatrix} T(t) \\ N(t) \\ B(t) \end{pmatrix}$$

으로 표현된다.

증명 곡선 β를 곡선 α의 단위속력을 갖는 재매개화곡선이라 하자. 그러면

$$T_\alpha'(t) = \frac{ds}{dt} T_\beta'(s) = v\, T_\beta'(s) = v\kappa_\beta(s) N_\beta(s) = v\kappa_\alpha(t) N_\alpha(t)$$

이 성립한다. 다른 공식들도 유사하게 증명된다. □

보조 정리 3.48

> 임의의 정칙곡선 $\alpha:(a,\ b)\to R^3(\kappa\neq 0)$에 대하여 다음 등식들
>
> $$\alpha'(t)=vT,\quad \alpha''(t)=v'T+\kappa v^2N,$$
> $$\alpha'''(t)=(v''-\kappa^2v^3)T+(\kappa vv'+(kv^2)')N+\kappa\tau v^3B$$
>
> 이 성립한다.

▎증명 단위속력벡터 $T=\dfrac{\alpha'(t)}{\|\alpha'(t)\|}$와 일반적인 Frenet 공식(정리 3.47)으로부터 처음 두 등식이 성립한다. 세 번째도 두 번째 등식과 정리 3.47로부터 따른다. 즉, 두 번째 등식을 미분하면

$$\begin{aligned}\alpha'''(t)&=v''T+v'T'+(\kappa v^2)'N+\kappa v^2N'\\&=v''T+(\kappa vv'+(kv^2)')N+kv^3(-\kappa T+\tau B)\\&=(v''-\kappa^2v^3)T+(\kappa vv'+(kv^2)')N+\kappa\tau v^3B\end{aligned}$$

이다. □

정리 3.49

> 임의의 정칙곡선 $\alpha:(a,\ b)\to R^3(\kappa\neq 0)$에 대하여
>
> $$T(t)=\frac{\alpha'(t)}{\|\alpha'(t)\|},\quad B=\frac{\alpha'(t)\times\alpha''(t)}{\|\alpha'(t)\times\alpha''(t)\|},\quad N=B\times T.$$
> $$\kappa(t)=\frac{\|\alpha'(t)\times\alpha''(t)\|}{\|\alpha'(t)\|^3},\quad \tau(t)=\frac{\langle\alpha'(t)\times\alpha''(t),\ \alpha'''(t)\rangle}{\|\alpha'(t)\times\alpha''(t)\|^2}$$
>
> 이 성립한다.

▎증명 보조정리 3.48로부터

$$\alpha'(t)\times\alpha''(t)=vT\times(v'T+\kappa v^2N)=kv^3T\times N=kv^3B \tag{3.10}$$

이므로

$$\|\alpha'(t)\times\alpha''(t)\|=\kappa v^3,\ 즉,\ \kappa(t)=\frac{\|\alpha'(t)\times\alpha''(t)\|}{\|\alpha'(t)\|^3}$$

임을 알 수 있다. 또한 (3.10)으로부터

$$B = \frac{\alpha'(t) \times \alpha''(t)}{\|\alpha'(t) \times \alpha''(t)\|}$$

를 얻는다. 더구나 보조정리 3.48로부터 $\langle \alpha'(t) \times \alpha''(t),\ \alpha'''(t) \rangle = \tau\kappa^2 v^6$이므로

$$\tau(t) = \frac{\langle \alpha'(t) \times \alpha''(t),\ \alpha'''(t) \rangle}{\|\alpha'(t) \times \alpha''(t)\|^2}$$

가 성립한다. □

문제 3.50 곡선 $\alpha(t) = \left(e^{0.07t}\cos t,\ e^{0.07t}\sin t,\ \frac{t}{2}\right)$의 곡률 κ과 비틀림율 τ을 구하여라.

```
In[7]:= hel[t_] := {Exp[0.07 t] Cos[t], Exp[0.07 t] Sin[t], 0.5 t}
In[9]:= ParametricPlot3D[Evaluate[hel[t]], {t, 0, 12 Pi}, PlotPoints → 200, Axes → None];
```

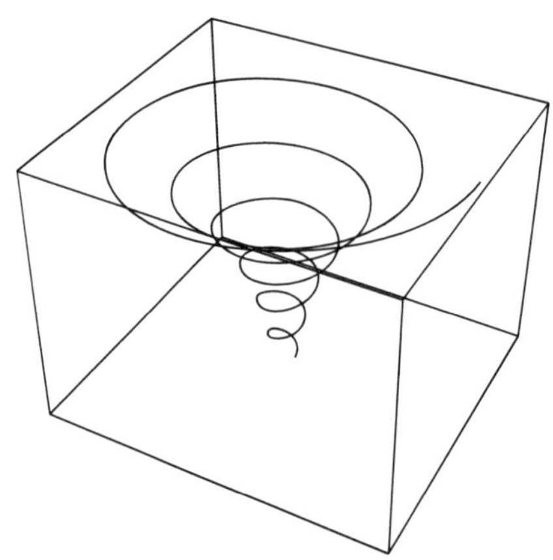

정리 3.51 R^3상에서 곡선의 호길이, 곡률, 비틀림율의 절대값은 등장사상에 의해 불변이다.

증명 함수 $F: R^3 \to R^3$를 등장사상(isometry)이라 하자. 그러면 정리 1.51에 의해 $F = T_v \circ A \ (v = F(0))$이다. 여기서 T_v는 평행이동, A는 직교변환이다. 따라서 모든 $p \in R^3$에 대하여 $F(p) = A(p) + F(0)$로 표현된다. 따라서 임의의 정칙곡선

$\alpha : (a,\ b) \to R^3$에 대하여 $\beta(t) = F(\alpha(t))\ \ (a < t < b)$라 두면

$$\beta(t) = A(\alpha(t)) + F(0)$$

이다. 따라서 정리 1.52로부터

$$\beta'(t) = A\alpha'(t), \quad \beta''(t) = A\alpha''(t), \quad \beta'''(t) = A\alpha'''(t)$$

이다. 더구나 A가 직교변환이기 때문에

$$\|\beta'(t)\| = \|A\alpha'(t)\| = \|\alpha'(t)\|$$

가 성립한다. 따라서 $L[\alpha] = L[\beta]$이다. 한편 정리 3.48로부터

$$\kappa_\beta(t) = \frac{\|\beta'(t) \times \beta''(t)\|}{\|\beta'(t)\|^3} = \frac{\|A\alpha'(t) \times A\alpha''(t)\|}{\|A\alpha'(t)\|^3}$$

이고 A가 직교변환($\|Av\| = \|v\|$)이기 때문에

$$\begin{aligned}\|A\alpha'(t) \times A\alpha''(t)\| &= \sqrt{\|A\alpha'(t)\|^2\, \|A\alpha''(t)\|^2 - \langle A\alpha'(t),\ A\alpha''(t)\rangle^2} \\ &= \sqrt{\|\alpha'(t)\|^2\, \|\alpha''(t)\|^2 - \langle \alpha'(t),\ \alpha''(t)\rangle^2} \\ &= \|\alpha'(t) \times \alpha''(t)\|\end{aligned}$$

이 성립한다. 따라서 $\kappa_\beta(t) = \kappa_\alpha(t)$이다. 유사하게, $\det A = \pm 1$이기 때문에 정리 1.36을 이용하여 계산하면

$$\begin{aligned}\tau_\beta(t) &= \frac{\langle \beta'(t),\ \beta''(t) \times \beta'''(t)\rangle}{\|\beta'(t) \times \beta''(t)\|^2} \\ &= \frac{\langle A\alpha'(t),\ A\alpha''(t) \times A\alpha'''(t)\rangle}{\|A\alpha'(t) \times A\alpha''(t)\|^2} \\ &= \frac{\det A \langle \alpha'(t),\ \alpha''(t) \times \alpha'''(t)\rangle}{\|\alpha'(t) \times \alpha''(t)\|^2} \\ &= (\det A)\tau_\alpha(t) = \pm\tau_\alpha(t)\end{aligned}$$

임을 알 수 있다. □

정리 3.52

> **(공간곡선의 기본정리)** 단위속력곡선 $\alpha,\ \beta : (a,\ b) \to R^3$가
>
> $$\kappa_\alpha = \kappa_\beta, \quad \tau_\alpha = \tau_\beta$$
>
> 를 만족하면, 등장사상 $F: R^3 \to R^3$가 존재해서 $F \circ \alpha = \beta$이다.

증명 한 점 $s_0 \in (a,\ b)$를 잡자. 이 때 $\{T_\alpha,\ N_\alpha,\ B_\alpha\}$와 $\{T_\beta,\ N_\beta,\ B_\beta\}$는 Frenet 표구니까 직교변환 $A : R^3 \to R^3$가 존재하여

$$AT_\alpha(s_0) = T_\beta(s_0), \quad AN_\alpha(s_0) = N_\beta(s_0), \quad AB_\alpha(s_0) = B_\beta(s_0)$$

이다. 또한 $v = \beta(s_0) - A\alpha(s_0)$라 두고 $F: R^3 \to R^3$를

$$F(p) = (T_v \circ A)(p)$$

으로 정의하면 $F(\alpha(s_0)) = \beta(s_0)$인 등장사상이다. 지금 함수 f를

$$f(s) = \| AT_\alpha(s) - T_\beta(s) \|^2 + \| AN_\alpha(s) - N_\beta(s) \|^2 + \| AB_\alpha(s) - B_\beta(s) \|^2$$

으로 정의하면 Frenet 공식, $\kappa_\alpha = \kappa_\beta$과 $\tau_\alpha = \tau_\beta$를 이용하면

$$f'(s) = 0$$

임을 알 수 있다. 더구나 $f(s_0) = 0$이기 때문에 모든 s에 대하여 $f(s) = 0$이다. 그러므로 위 식으로부터 모든 s에 대하여

$$AT_\alpha(s) = T_\beta(s)$$

이다. 따라서 $(F \circ \alpha)(s) = A(\alpha(s)) + v$이므로

$$(F \circ \alpha)'(s) = A\alpha'(s) = AT_\alpha(s) = T_\beta(s) = \beta'(s)$$

이다. 그러므로 적분하면

$$(F \circ \alpha)(s) = \beta(s) + c$$

가 되고 $F(\alpha(s_0)) = \beta(s_0)$이기 때문에 $c = 0$이다. 그러므로 $(F \circ \alpha)(s) = \beta(s)$이다. □

3.5 여러 곡선들

3.5.1 신개선

정의 3.53

정칙곡선 $\alpha : (a, b) \to R^n$가 주어질 때, 곡선 α의 점 $\alpha(c)$에서 시작하는 **신개선**(involute) α_{iv}^c는

$$\alpha_{iv}^c(t) = \alpha(t) + (s(c) - s(t))T(t), \quad c \in (a, b)$$

으로 정의된다. 여기서 $s : (a, b) \to (0, L)$는 곡선 α의 호길이(arc length) 함수이다.

참고 주어진 곡선의 신개선은 시작점에 의존한다.

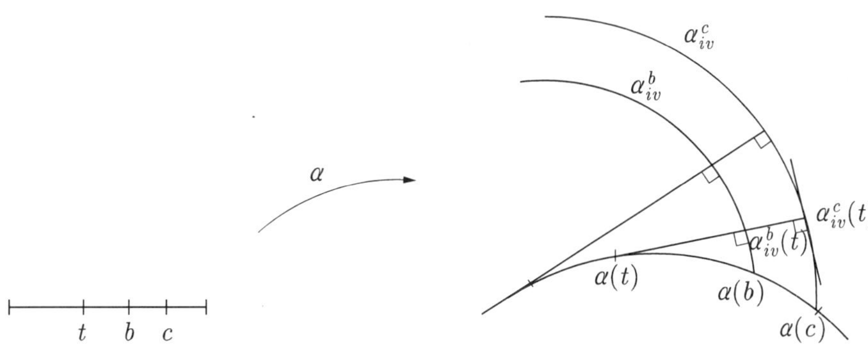

정리 3.54

정칙곡선 $\alpha : (a, b) \to R^n$가 주어질 때, 신개선(involute) α_{iv}^c의 접벡터와 α의 접벡터는 서로 직교한다.

증명 정의 3.53로부터

$$\alpha_{iv}^{c}{}'(t) = (s(c) - s(t))T'(t)$$

이다. 한편 $\langle T, T' \rangle = 0$이므로

$$\langle \alpha_{iv}^{c}{}'(t), \alpha'(t) \rangle = 0$$

이다. 즉, $\alpha' \perp \alpha_{iv}^{c}{}'$이다. □

예제 3.55 원 $\alpha(t) = (a\cos t, a\sin t)$의 신개선을 찾고 그래프를 그려라.

풀이 $\alpha'(t) = (-a\sin t, a\cos t)$이고 $\|\alpha'(t)\| = a$이다. 따라서 호길이 함수는

$$s(t) = \int_0^t a dt = at.$$

따라서 $\alpha_{iv}^{0}(t) = a(\cos t + t\sin t, \sin t - t\cos t)$이다.

```
In[26]:= alength[alpha_] [t_] := Integrate[Sqrt[Simplify[D[alpha[tt], tt].D[alpha[tt], tt]]], tt] /. tt → t

In[27]:= Iv[alpha_, c_] [t_] :=
          alpha[tt] + (alength[alpha] [c] - alength[alpha] [tt])*
           D[aLpha[tt], tt] / Sqrt[Factor[D[alpha[tt], tt].D[alpha[tt], tt]]] /. tt → t

In[28]:= circle[a_] [t_] := {a Cos[t], a Sin[t]}

In[34]:= ParametricPlot[{circle[1] [t], Iv[circle[1], 0] [t], Iv[circle[1], Pi / 4] [t], Iv[circle[1], 3 Pi / 2] [t]} //
           Evaluate, {t, 0, 4 Pi}, AspectRatio → Automatic, Axes → None, PlotRange → All]
```

Out[34]=

정리 3.56

> 단위속력곡선 $\alpha : (a,\ b) \to R^2$에 대하여 신개선(involute) α_{iv}^c의 곡률 κ_2는
>
> $$\kappa_2(\alpha_{iv}^c) = \frac{\epsilon}{|c-s|}$$
>
> 이다. 여기서 $\epsilon = sgn\,\kappa_2 = \pm 1$는 α의 곡률 κ_2의 부호이다.

증명 단위속력곡선 α에 대하여 신개선(involute) α_{iv}^c는

$$\alpha_{iv}^c(s) = \alpha(s) + (c-s)\alpha'(s)$$

이다. 한편 $\alpha''(s) = \kappa_2(s)J\alpha'(s)$ (정리 3.19)이기 때문에

$$\alpha_{iv}^c{}'(s) = (c-s)\alpha''(s) = (c-s)\kappa_2(s)J\alpha'(s),$$

$$\|\alpha_{iv}^c{}'(s)\| = |c-s|\,\|\alpha''(s)\| = |c-s|\,|\kappa_2(s)|$$

$$\alpha_{iv}^c{}''(s) = -\alpha''(s) + (c-s)\alpha'''(s)$$

가 성립한다. 한편 $J\alpha''(s) = -\kappa_2(s)\alpha'(s)$이고 $\langle \alpha',\ \alpha'' \rangle = 0$이므로

$$\langle \alpha_{iv}^c{}''(s),\ J\alpha_{iv}^c{}'(s) \rangle = -(c-s)^2\kappa_2(s)\langle \alpha'''(s),\ \alpha'(s) \rangle$$

이다. 더구나 $\alpha'''(s) = \kappa_2{}'J\alpha'(s) - \kappa_2^2\alpha'(s)$이기 때문에

$$\kappa_2(\alpha_{iv}^c) = \frac{\langle \alpha_{iv}^c{}''(s),\ J\alpha_{iv}^c{}'(s) \rangle}{\|\alpha_{iv}^c{}'(s)\|^3} = \left(\frac{\kappa_2(s)}{|\kappa_2(s)|}\right)^3 \frac{1}{|c-s|} = \frac{sgn\,\kappa_2}{|c-s|}$$

이 성립한다. □

정리 3.57

> R^3상에서 일반나선(general helix)의 신개선(involute)은 평면곡선(plane curve)이다.

증명 일반성을 잃지 않고 일반나선 α를 단위속력곡선이라 하자. 이때, 상수벡터 u가 존재하여 $\langle T, u \rangle =$ 상수이다. 따라서

$$\alpha_{iv}^{c}(s) = \alpha(s) + (c-s)\alpha'(s)$$

이고 $\langle T', u \rangle = 0$이기 때문에

$$\langle \alpha_{iv}^{c}(s), u \rangle' = \langle T', u \rangle = 0$$

이다. 그러므로 $\langle \alpha_{iv}^{c}(s), u \rangle =$ 상수이므로 α_{iv}는 평면곡선이다. □

문제 3.58 나선(helix) $\alpha(t) = (\cos t, \sin t, t)$의 신개선을 구하여라.

```
In[47]:= alength[alpha_] [t_] := Integrate[Sqrt[Simplify[D[alpha[tt], tt].D[alpha[tt], tt]]], tt] /. tt → t

In[48]:= Iv[alpha_, c_] [t_] :=
          alpha[tt] + (alength[alpha] [c] - alength[alpha] [tt])*
            D[aLpha[tt], tt] / Sqrt[Factor[D[alpha[tt], tt].D[alpha[tt], tt]]] /. tt → t

In[53]:= helix[t_] := {2 Cos[t], 2 Sin[t], 0.5 t}

In[57]:= ParametricPlot3D[{helix[t], Iv[helix, 0] [t]} // Evaluate, {t, 0, 4 Pi}, AspectRatio → Automatic],
```

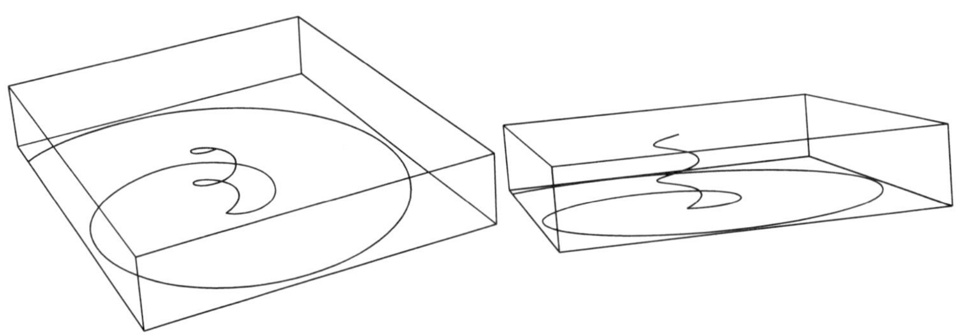

정리 3.59

> 평면곡선의 신개선은 같은 평면 위에 놓인다.

증명 평면 Π의 방정식을 $\Pi = \{x \in R^3 \mid \langle x - p,\ n\rangle = 0\}$이라 하자. 여기서 $p,\ n$은 상수벡터이다. 이때,

$$\text{“}\langle \alpha(s) - p,\ n\rangle = 0\text{일 때 } \langle \alpha_{iv}^c(s) - p,\ n\rangle = 0\text{”}$$

임을 증명하자. 일반성을 잃지 않고 α를 단위속력곡선이라 가정하자. 그러면 $\langle \alpha'(s),\ n\rangle = 0,\ \alpha_{iv}^c(s) = \alpha(s) + (c - s)\alpha'(s)$이기 때문에

$$\langle \alpha_{iv}^c(s) - p,\ n\rangle = \langle \alpha(s) - p,\ n\rangle + (c - s)\langle \alpha'(s),\ n\rangle = 0$$

이다. □

3.5.2 축폐선

정의 3.60

> R^n상에서 정칙곡선 α가 곡선 β의 신개선(involute)일 때, 즉, $\alpha = \beta_{iv}$일 때, 곡선 β를 곡선 α의 **축폐선**(evolute)이라 하고 $\beta \equiv \alpha_{ev}$로 표시한다.

참고 정칙곡선 $\alpha,\ \beta : (a,\ b) \to R^n$의 임의의 점 t에서 $\beta'(t) \perp \alpha'(t)$이고 $\alpha(t)$가 $\beta(t)$를 지나는 접선 위에 놓일 때, α는 곡선 β의 신개선이고 β는 곡선 α의 축폐선이다. 즉, $\alpha(t) - \beta(t)$는 $\beta'(t)$와 평행한다.

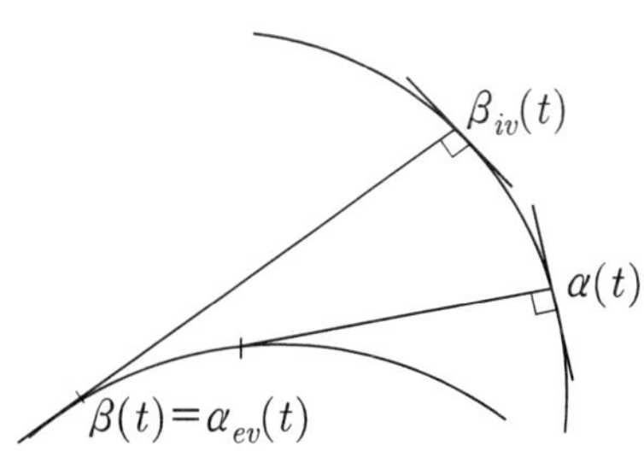

정리 3.61

평면상의 정칙곡선 $\alpha : (a,\ b) \to R^2(\kappa_2 \neq 0)$의 축폐선(evolute) α_{ev}는

$$\alpha_{ev}(t) = \alpha(t) + \frac{1}{\kappa_2}\frac{J\alpha'(t)}{\|\alpha'(t)\|}.$$

여기서 $J: R^2 \to R^2$는 $J(x,\ y) = (-y,\ x)$이다.

증명 평면상에서 $\{\alpha'(t),\ J\alpha'(t)\}$는 곡선 $\alpha(t)$에서 기저이다. 그러므로

$$\alpha_{ev}(t) - \alpha(t) = \lambda(t)\alpha'(t) + \mu(t)J\alpha'(t) \tag{3.11}$$

로 표현할 수 있다. 한편 α는 곡선 α_{ev}의 신개선, 즉, $\alpha = (\alpha_{ev})_{iv}^{c}$이기 때문에 정의 3.53에 의해

$$\alpha_{ev}(t) - \alpha(t) = f(t)\alpha_{ev}'(t) \tag{3.12}$$

이다. 또한 정리 3.54에 의해 $\langle \alpha'(t),\ \alpha_{ev}'(t)\rangle = 0$이므로 (3.12)로부터

$$\langle \alpha_{ev}(t) - \alpha(t),\ \alpha'(t)\rangle = 0.$$

그러므로 (3.11)로부터 $\lambda(t) = 0$이다. 따라서 다시 (3.11)를 미분하면

$$\alpha_{ev}'(t) - \alpha'(t) = \mu'(t)J\alpha'(t) + \mu(t)J\alpha''(t)$$

이므로 $\langle \alpha_{ev}'(t) - \alpha'(t),\ \alpha'(t)\rangle = \mu(t)\langle J\alpha''(t),\ \alpha'(t)\rangle$이다. 따라서

$$\mu(t) = \frac{\langle \alpha_{ev}'(t) - \alpha'(t),\ \alpha'(t)\rangle}{\langle J\alpha''(t),\ \alpha'(t)\rangle} = -\frac{\langle \alpha'(t),\ \alpha'(t)\rangle}{\langle J\alpha''(t),\ \alpha'(t)\rangle}$$

이고 정리 3.21로부터

$$\mu(t) = \frac{1}{\kappa_2\|\alpha'(t)\|}$$

이다. 그러므로 (3.11)로부터 $\alpha_{ev}(t) = \alpha(t) + \dfrac{1}{\kappa_2}\dfrac{J\alpha'(t)}{\|\alpha'(t)\|}$이다. □

예제 3.62 평면상의 정칙곡선 α의 축폐선 α_{ev}는 정리 3.21로부터

$$\alpha_{ev}(t) = \alpha(t) + \frac{\|\alpha'(t)\|^2}{\langle \alpha''(t),\ J\alpha'(t)\rangle} J\alpha'(t)$$

이다.

문제 3.63 타원 $\alpha(t) = (2\cos t,\ \sin t)$의 축폐선의 방정식을 찾아라.

```
In[39]:= Ev[alpha_] [t_] :=
           alpha[tt] +
             D[aLpha[tt], tt] .D[alpha[tt], tt] / (D[alpha[tt], {tt, 2}] .J[D[alpha[tt], tt]])
               J[D[alpha[tt], tt]] /. {tt → t}

In[40]:= ellip[t_] := {2 Cos[t], Sin[t]}

In[46]:= ParametricPlot[{ellip[t], Ev[ellip] [t]} // Evaluate, {t, 0, 2 Pi},
           AspectRatio → Automatic]
```

Out[46]=

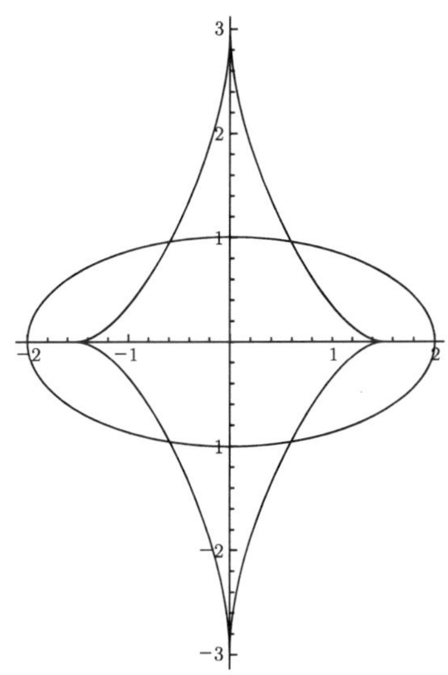

정리 3.64

> 정칙곡선 $\alpha : (a,\ b) \to R^2$의 축폐선은 곡선 α의 재매개화에 독립이다. 즉,
>
> $$(\alpha \circ h)_{ev}(t) = (\alpha_{ev} \circ h)(t).$$
>
> 여기서 $h : (c,\ d) \to (a,\ b)$는 미분가능한 함수이다.

증명 만약 $\beta(t) = (\alpha \circ h)(t)$라 두면 $\beta'(t) = h'(t)\alpha'(u),\ u = h(t)$이므로 정리 3.61에 의해

$$\begin{aligned}(\alpha \circ h)_{ev}(t) &= \beta(t) + \frac{1}{\kappa_2(\beta)} \frac{J\beta'(t)}{\|\beta'(t)\|} \\ &= \beta(t) + \frac{\epsilon}{\kappa_2(\alpha)} \frac{\epsilon J\alpha'(u)}{\|\alpha'(u)\|} \quad (\epsilon = sgn\, h'(t)) \\ &= \alpha(u) + \frac{1}{\kappa_2(\alpha)} \frac{J\alpha'(u)}{\|\alpha'(u)\|} \\ &= \alpha_{ev}(u) = \alpha_{ev}(h(t))\end{aligned}$$

이다. □

정리 3.65

> R^3상에서의 단위속력곡선 α의 축폐선(evolute) α_{ev}는
>
> $$\alpha_{ev}(s) = \alpha(s) + b(s)N + c(s)B.$$
>
> 여기서 $b = \dfrac{1}{\kappa}$이고 $(b' - \tau c)c = (c' + \tau b)b$, 즉, $\tau = \dfrac{b'c - bc'}{b^2 + c^2}$이다.

증명 곡선 α를 단위속력곡선이라 하자. 그러면 곡선 α는 곡선 α_{ev}의 신개선이므로

$$\alpha(s) = \alpha_{ev}(s) + \lambda(s)\alpha_{ev}{}'(s) \tag{3.13}$$

이다. 여기서 λ는 미분가능한 함수이다. 또한 임의의 함수 a, b, c에 대하여

$$\alpha_{ev}(s) - \alpha(s) = aT + bN + cB \tag{3.14}$$

로 둘 수 있고 (3.13)으로부터

$$a = \langle \alpha_{ev}(s) - \alpha(s),\ T \rangle = -\lambda(s) \langle \alpha_{ev}{}'(s),\ T \rangle = 0$$

이다. 따라서 등식 (3.14)로부터

$$\alpha_{ev}(s) - \alpha(s) = bN + cB \tag{3.15}$$

이다. 따라서 (3.13)과 (3.15)를 비교하면

$$-\lambda \alpha_{ev}{}'(s) = bN + cB \tag{3.16}$$

가 성립한다. 한편 식 (3.15)를 미분하면

$$\alpha_{ev}{}'(s) - T = -b\kappa T + (b' - c\tau)N + (b\tau + c')B$$

이므로

$$b = \frac{1}{\kappa}, \quad \alpha_{ev}{}'(s) = (b' - c\tau)N + (b\tau + c')B \tag{3.17}$$

가 성립한다. 따라서 (3.16)과 (3.17)의 두 번째 등식으로부터

$$(b' - c\tau)N + (b\tau + c')B = -(1/\lambda)bN - (1/\lambda)cB$$

가 되고

$$(b' - c\tau)c = (b\tau + c')b \tag{3.18}$$

이다. 그러므로 (3.15), (3.17), (3.18)로부터 정리가 증명된다. □

3.5.3 구면 곡선

$S_p^2(r) = \{\mathrm{x} \in R^3 \mid \|\mathrm{x} - p\|^2 = r^2\}$는 중심이 p, 반지름이 r인 구면(sphere)이다. 이때 곡선 $\alpha : (a,\ b) \to S_p^2(r)$을 **구면 곡선**(spherical curve)이라 한다.

정리 3.66

구면 $S_p^2(r)$ 위의 단위속력곡선을 β라 하자.

(1) β의 곡률 κ는 $\kappa \geq \frac{1}{r}$이다.

(2) 곡률 κ, 비틀림율 τ와 반지름 r은 다음과 같은 관계식을 만족한다.

$$\tau^2 r^2 = \left(\frac{\tau}{\kappa}\right)^2 + \left(\frac{\kappa'}{\kappa^2}\right)^2.$$

(3) $\tau\left(\frac{\kappa''}{\kappa^2} - 2\frac{\kappa'^2}{\kappa^3}\right) = \frac{\tau'\kappa'}{\kappa^2} + \frac{\tau^3}{\kappa}.$

증명 (1) 단위속력곡선 $\alpha : (a, b) \to S_p^2(r)$는 $\|\alpha(s) - p\|^2 = r^2$을 만족한다. 따라서 미분하면

$$\langle \alpha(s) - p,\ T \rangle = 0$$

이고 다시 미분하고 Frenet 공식을 적용하면

$$\langle T,\ T \rangle + \langle \alpha(s) - p,\ \kappa N \rangle = 0,$$

즉, $\kappa\langle \alpha(s) - p,\ N \rangle = -1$이고 $k|\langle \alpha(s) - p,\ N \rangle| = 1$. 따라서

$$1 = \kappa\|\alpha(s) - p\|\cos\theta \leq \kappa r$$

이고 (1)이 증명된다.

(2) Frenet 프레임 $\{T, N, B\}$가 정규직교기이기 때문에

$$\alpha(s) - p = \langle \alpha(s) - p,\ T \rangle T + \langle \alpha(s) - p,\ N \rangle N + \langle \alpha(s) - p,\ B \rangle B$$

이고 위 (1)의 증명에서 $\langle \alpha(s) - p,\ T \rangle = 0$, $\langle \alpha(s) - p,\ N \rangle = -\frac{1}{\kappa}$이다. 더구나 두 번째식을 다시 미분하면

$$\left(-\frac{1}{\kappa}\right)' = \tau\langle \alpha(s) - p,\ B \rangle \tag{3.19}$$

이다. 따라서 $\tau(\alpha(s) - p) = -\frac{\tau}{\kappa}N - \left(\frac{1}{\kappa}\right)'B$이고

$$\tau^2 r^2 = \left(\frac{\tau}{\kappa}\right)^2 + \left(\frac{\kappa'}{\kappa^2}\right)^2$$

이 성립한다.

(3) 증명 (2)의 (3.19)로부터

$$\tau\langle \alpha(s)-p,\ B\rangle = \frac{\kappa'}{\kappa^2} \tag{3.20}$$

이고 다시 미분하면

$$\begin{aligned}\left(\frac{\kappa'}{\kappa^2}\right)' &= \tau'\langle \alpha(s)-p,\ B\rangle - \tau^2\langle \alpha(s)-p,\ N\rangle \\ &= \tau'\langle \alpha(s)-p,\ B\rangle + \frac{\tau^2}{\kappa}\end{aligned}$$

이다. 그러므로 위의 양변에 τ를 곱하고 (3.20)를 사용하면

$$\left(\frac{\kappa'}{\kappa^2}\right)'\tau = \frac{\kappa'\tau'}{\kappa^2} + \frac{\tau^3}{\kappa}$$

이 성립한다. 따라서 좌변을 계산하면 (3)이 증명된다. □

정리 3.67

구면 $S_p^2(r)$ 위의 단위속력곡선 β의 곡률이 $\kappa = a$(상수)이면 β는 반지름 $\frac{1}{a}$인 원이다.

증명 곡률이 $\kappa = a$(상수)면 정리 3.66 (3)에 의해 $\tau = 0$이다. 즉, β는 평면곡선이다. 따라서 정리 3.42에 의해 β는 반지름 $\frac{1}{a}$인 원이다. □

정리 3.68

곡률 $\kappa \neq 0$, $\kappa' \neq 0$, 비틀림율 $\tau \neq 0$인 단위속력곡선 α가 구면곡선일 필요충분조건은

$$\left(\frac{1}{\kappa}\right)^2 + \left\{\left(\frac{1}{\kappa}\right)'\left(\frac{1}{\tau}\right)\right\}^2 = \text{상수}$$

이다.

증명 (⇒) 정리 3.66 (2)에서 양변을 τ로 나누면 성립한다.

(⇐) 벡터 함수 γ를 다음과 같이

$$\gamma(s) = \alpha(s) + \frac{1}{\kappa}N + (\frac{1}{\kappa})'\frac{1}{\tau}B \tag{3.21}$$

라 두고 $\gamma'(s) = 0$임을 보이자. 즉, 미분하면

$$\begin{aligned}\gamma'(s) &= T + \left(\frac{1}{\kappa}\right)'N + \left(\frac{1}{\kappa}\right)(-\kappa T + \tau B) + \left(\frac{1}{\kappa}\right)'\frac{1}{\tau}'B - \left(\frac{1}{\kappa}\right)'N \\ &= \left[\frac{\tau}{\kappa} + \left\{\left(\frac{1}{\kappa}\right)'\frac{1}{\tau}\right\}'\right]B\end{aligned}$$

가 된다. 한편, 가정에서 $\left(\frac{1}{\kappa}\right)^2 + \left\{\left(\frac{1}{\kappa}\right)'\left(\frac{1}{\tau}\right)\right\}^2 =$ 상수이기 때문에 미분하년

$$\left(\frac{1}{\kappa}\right)'\left[\frac{\tau}{\kappa} + \left\{\left(\frac{1}{\kappa}\right)'\frac{1}{\tau}\right\}'\right] = 0$$

이다. 따라서 $\kappa' \neq 0$이기 때문에 $\gamma'(s) = 0$, 즉, $\gamma(s) = p$(상수)이다. 그러므로 (3.21)로부터

$$\alpha(s) - p = -\frac{1}{\kappa}N - \left(\frac{1}{\kappa}\right)'\frac{1}{\tau}B$$

이고 길이를 계산하면

$$\|\alpha(s) - p\|^2 = \left(\frac{1}{\kappa}\right)^2 + \left\{\left(\frac{1}{\kappa}\right)'\left(\frac{1}{\tau}\right)\right\}^2 = \text{상수}$$

이다. 따라서 α는 구면곡선이다. □

제3장 연습문제

01 평면곡선 $\alpha(s) = (x(s),\ y(s))$가 단위속력곡선일 때, 곡률 κ_2는

$$\kappa_2 = x'y'' - x''y'$$

임을 보여라.

02 다음에 주어진 곡선들의 곡률 κ와 비틀림율 τ를 구하여라.

(i) $\alpha(t) = (3t - t^2,\ 2t^3,\ 1)$

(ii) $\alpha(t) = (\cos t,\ \sin t,\ \cos t \sin t)$

(iii) $\alpha(t) = (\cosh t,\ \sinh t,\ 2t)$

(iv) $\alpha(t) = \left(\dfrac{(1+t)^{3/2}}{3},\ \dfrac{(1-t)^{3/2}}{3},\ \dfrac{t}{\sqrt{2}}\right)$

(v) $\alpha(t) = (\sqrt{1+t^2},\ 2t,\ \ln(t + \sqrt{1+t^2})/\sqrt{5})$

03 곡선 $\alpha(t) = (t + \sin t,\ 1 + \cos t)$ $(-\pi < t < \pi)$의 축폐선을 구하여라. 그리고 그래프를 그려라(매스매티카를 이용하여 그려라).

04 단위속력곡선 α에 대하여 접벡터장 T는 반경이 1인 구면위의 곡선이다. 이때 $T(s)$의 곡률 κ_T와 비틀림율 τ_T가 다음과 같다. 즉,

$$\kappa_T = \sqrt{1 + (\tau/\kappa)^2}, \quad \tau_T = \frac{(\tau/\kappa)'}{\kappa[1 + (\tau/\kappa)^2]}$$

임을 보여라. 여기서 κ와 τ는 곡선 α의 곡률과 비틀림율이다.

05 곡선 $\alpha(t) = (2\cosh 3t,\ -2\sinh 3t,\ 6t)$ $(0 \le t \le 5)$의 길이를 구하여라.

06 곡선 $\alpha(t) = (e^t \cos t,\ e^t \sin t,\ e^t)$의 단위속력을 갖는 재매개화곡선을 구하여라.

07 곡률 $\kappa \neq 0$, $\kappa' \neq 0$, 비틀림율 $\tau \neq 0$인 단위속력곡선 α가 구면곡선일 필요충분조건은

$$\frac{\tau}{\kappa} = \left(\frac{\kappa'}{\kappa^2 \tau}\right)'$$

임을 증명하여라.

08 평면상의 단위속력곡선 $\alpha:(a,\ b)\to R^2$가 $\kappa_2{}'\neq 0$일 때, 축폐선 α_{ev}의 곡률 $\kappa_2(\alpha_{ev})$는

$$\kappa_2(\alpha_{ev})=\frac{\kappa_2^3}{|\kappa_2{}'|}$$

임을 증명하여라.

09 단위속력곡선 $\alpha:(a,\ b)\to R^2$와 상수 $\lambda\in R$이 주어질 때, 새로운 곡선

$$\alpha^{\lambda}(t)=\alpha(t)+\lambda J\alpha'(t)$$

을 곡선 α의 **평행곡선**(parallel curve)이라 한다. 이때, 임의의 $c\in(a,\ b)$에 대하여 곡선 $(\alpha_{ev})_{iv}^{c}$는 곡선 α의 평행곡선, 즉,

$$(\alpha_{ev})_{iv}^{c}(t)=\alpha(t)+\lambda J\alpha'(t)\ \ (\lambda\neq 0)$$

임을 증명하여라.

10 $\kappa\neq 0,\ \tau\neq 0$인 정칙곡선 $\alpha:(a,\ b)\to R^3$에 대하여 만약 $\beta:(a,\ b)\to R^3$가 존재하여 임의의 $t\in(a,\ b)$에서 법선 $l_\alpha,\ l_\beta$가 같을 때, 곡선 α를 Bertrand **곡선**(Bertrand curve)라 하고 β를 α의 Bertrand **짝**(Bertrand mate)라 한다. 즉, 어떤 함수 λ에 대하여

$$\beta(t)=\alpha(t)+\lambda(t)N_\alpha(t).$$

(1) λ는 상수함수임을 보여라.

(2) α가 Bertrand 곡선일 필요충분조건은 어떤 영이 아닌 상수 $A,\ B$가 존재하여

$$A\kappa+B\tau=1$$

임을 증명하여라.

11 단위속력곡선 $\alpha:I\to R^2$에 대하여 $\alpha_i(i=1,\ 2)$를 α의 신개선이라 하자. 이때 α_1과 α_2는 Bertrand 짝임을 증명하여라.

제4장

평면곡선의 대역이론

DIFFERENTIAL GEOMETRY

4.1 전곡률과 회전수

정의 4.1

단위속력곡선 $\beta : [a,\ b] \to R^2$의 **전곡률**(total curvature) $TC[\beta]$는

$$TC[\beta] = \int_a^b \kappa_2 \, ds$$

으로 정의된다.

정리 4.2

임의의 정칙인 평면곡선 $\alpha : [a,\ b] \to R^2$의 전곡률 TC는

$$TC[\alpha] = \int_a^b \kappa_2(t) \| \alpha'(t) \| \, dt$$

이다.

증명 호길이 함수 s에 대하여 $\frac{ds}{dt} = \| \alpha'(t) \|$이기 때문에 치환적분에 의해 증명된다. □

정리 4.3

평면곡선의 전곡률은 곡선의 재매개화에 불변이다. 즉, 두 곡선 $\alpha : (a,\ b) \to R^2$와 $\beta : (c,\ d) \to R^2$에 대하여 $\beta(t) = (\alpha \circ h)(t)$일 때,

$$TC[\alpha] = \epsilon \, TC[\beta]$$

이 성립한다. 여기서 $\epsilon = sgn(h')$이다.

증명 미분가능한 함수 $h:(c,\ d)\to(a,\ b)$에 대해 $\beta(t)=(\alpha\circ h)(t)$, $u=h(t)$라 하면 $\beta'(t)=\alpha'(u)h'(t)$이고 정리 3.22에 의해 $\kappa_2(\beta)=\epsilon\kappa_2(\alpha)$, $\epsilon=\mathrm{sgn}h'(t)$이다. 그러므로 $|h'(t)|dt=\epsilon\, h'(t)\,dt=\epsilon\, du$이기 때문에

$$TC[\beta]=\int_c^d\kappa_2(\beta)\|\beta'(t)\|dt=\int_c^d\kappa_2(\beta)\|\alpha'(u)\|\,|h'(t)|\,dt$$

$$=\epsilon\int_a^b\kappa_2(\alpha)\|\alpha'(u)\|du=\epsilon\, TC[\alpha]$$

이다. □

정리 4.4

평면상의 정칙곡선 $\alpha:[a,\ b]\to R^2$에 대하여 전곡률은

$$TC[\alpha]=\theta(b)-\theta(a)$$

이다. 여기서 $\theta(t)=\angle(\alpha'(t),\ e_1)$, $e_1=(1,\ 0)$이다.

증명 정리 3.31로부터 곡률 $\kappa_2(t)=\kappa_2(s(t))=\dfrac{d\theta}{ds}=\dfrac{d\theta}{dt}\dfrac{dt}{ds}=\dfrac{\theta'(t)}{\|\alpha'(t)\|}$이기 때문에 정리 4.2와 정적분의 기본정리에 의해 증명된다. □

정의 4.5

곡선 $\alpha:(a,\ b)\to R^n$가 어떤 양의 상수 c가 존재하여 다음 등식

$$\alpha(t+c)=\alpha(t)\quad\forall t$$

을 만족할 때, 곡선 α를 **폐곡선**(closed curve)이라 한다. 이때 가장 작은 c를 곡선 α의 **주기**(period)라 한다. 즉, $\min\{c\,|\,\alpha(t+c)=\alpha(t)\ \forall t\}$가 주기이다.

예제 4.6 (1) 곡선 $\alpha(t)=(2\cos t,\ 2\sin t)$의 주기는 2π이다. 왜냐하면 $\alpha(t+2n\pi)=\alpha(t)$ (n은 양의 정수)이다.

(2) 곡선 $\alpha(t)=(2\cos 3t,\ 2\sin 3t)$의 주기는 $\frac{2}{3}\pi$이다. 실제로 양의 정수 n에 대하여 $\alpha\left(t+\frac{2n\pi}{3}\right)=\alpha(t)$이다.

정의 4.7

정칙인 폐곡선 $\alpha : R \to R^n$의 **길이**(length) $L[\alpha]$는

$$L[\alpha]=\int_0^c \|\alpha'(t)\|\,dt.$$

여기서 c는 곡선 α의 주기이다.

정리 4.8

정칙인 폐곡선 $\alpha : R \to R^n$의 단위속력 재매개화 곡선 β는 주기가 L인 폐곡선이다. 여기서 L은 곡선 α의 길이다.

증명 곡선 α의 단위속력재매개화 곡선을 β라 하면 $\beta(s(t))=\alpha(t)$이다. 이때 곡선 α의 주기를 c라 하면 호길이 함수 s는

$$\begin{aligned} s(t+c) &= \int_0^{t+c}\|\alpha'(u)\|\,du = \int_0^{c}\|\alpha'(u)\|\,du + \int_c^{t+c}\|\alpha'(u)\|\,du \\ &= L+\int_c^{t+c}\|\alpha'(u)\|\,du = L+\int_0^{t}\|\alpha'(u)\|\,du = L+s(t) \end{aligned}$$

이므로

$$\beta(s+L)=\beta(s(t+c))=\alpha(t+c)=\alpha(t)=\beta(s)$$

이다. 따라서 β는 폐곡선이다. 더구나 c가 α의 주기이므로 L은 곡선 β의 주기이다. □

정의 4.9

단위속력인 폐곡선 $\beta : R \to R^2$의 **회전수**(rotation number) $R[\beta]$는

$$R[\beta] = \frac{1}{2\pi}\int_0^L \kappa_2(s)ds$$

로 정의된다. 여기서 L은 곡선 β의 길이이다.

정리 4.10

임의의 정칙인 폐곡선 $\alpha : R \to R^2$의 회전수 $R[\alpha]$는

$$R[\alpha] = \frac{1}{2\pi}\int_0^c \kappa_2(t)\|\alpha'(t)\|dt$$

이다. 여기서 c는 곡선의 주기이다.

증명 연습문제. □

정리 4.11

임의의 정칙인 폐곡선 $\alpha : R \to R^2$의 회전수는

$$R[\alpha] = \frac{1}{2\pi}\{\theta(c) - \theta(0)\}$$

임을 보여라. 여기서 c는 곡선 α의 주기이고 $\theta(t) = \angle(\alpha'(t), e_1)$이다.

증명 정리 3.31로부터 $\kappa_2(t) = \dfrac{\theta'(t)}{\|\alpha'(t)\|}$이므로 정리 4.10으로부터 증명된다. □

예제 4.12 단위속력인 폐곡선 β의 회전수는 $R[\beta] = \dfrac{1}{2\pi}\{\theta(L) - \theta(0)\}$이다. 여기서 L은 곡선의 길이이다.

정의 4.13

주기가 c인 폐곡선 $\alpha : [a, b] \to R^n$가 다음 조건;

$$\text{“}\alpha(t_1) = \alpha(t_2) \Leftrightarrow \exists\, l \in Z;\ t_1 - t_2 = lc\text{”}$$

을 만족할 때, 곡선 α를 **단순폐곡선**(simple closed curve)이라 한다.

예제 4.14 (1) 원 $\alpha(t) = (r\cos t,\ r\sin t)$ $(t \in R)$는 단순폐곡선이다. 주기는 2π이다. 왜냐하면 $\alpha(t) = \alpha(t + 2n\pi)$이다. 여기서 n은 정수이다.

(2) 8자곡선 $\alpha(t) = (\sin t,\ \sin t\cos t)$ (예제 3.24)은 단순폐곡선이 아니다. 왜냐하면 주기는 $c = 2\pi$이다. 즉, $\alpha(t) = \alpha(t + 2\pi)$이다. 그러나 곡선 α는 단순폐곡선이 아니다. 왜냐하면 $\alpha(0) = \alpha(\pi)$이고 $\pi = \left(\frac{1}{2}\right)2\pi$이지만 $\frac{1}{2}$은 정수가 아니다.

정리 4.15

평면상의 정칙인 주기 c의 단순폐곡선 $\alpha : [a, b] \to R^2$에 대하여

$$\theta(a + c) - \theta(a) = \pm 2\pi$$

이다. 여기서 $\theta(t) = \angle(\alpha'(t),\ e_1)$이다.

증명 본 증명은 직관적으로 이해하자. 자세한 증명은 참고문헌 [3]을 참고하여라. □

정리 4.16

평면상의 정칙인 단순폐곡선의 회전수(rotation number)는 ± 1이다.

증명 평면상의 단순폐곡선 $\alpha : [a, b] \to R^2$를 단위속력곡선이라 하자. 그러면 정리 4.15와 정리 3.31로부터

$$\int_0^L \kappa_2(s)ds = \theta(L) - \theta(0) = \pm 2\pi$$

이다. 따라서 정의 4.9로부터 정리가 증명된다. □

4.2 타원형곡선

정의 4.17

정칙인 평면곡선 α위의 점 p에서의 곡률 $\kappa_2(p)$가 극대, 또는 극소일 때 점 p를 곡선 α의 **꼭지점**(vertex)이라 한다.

정리 4.18

정칙인 평면곡선의 꼭지점의 정의는 곡선의 재매개화에 독립이다.

증명 정리 3.22로부터 증명이 따른다. □

예제 4.19 곡선 $\alpha(t)=(2\cos t,\ \sin t)\ (0 \le t \le 2\pi)$는 타원이다. 이때 꼭지점은 $t=0$, $\frac{\pi}{2}$, π, $\frac{3\pi}{2}$이다. 즉, 4개의 꼭지점을 갖는다. 왜냐하면, 곡률은

$$\kappa_2(t)=\frac{\langle \alpha''(t),\ J\alpha'(t)\rangle}{\|\alpha'(t)\|^3}=2(3\sin^2 t+1)^{-\frac{3}{2}}$$

이고 곡률을 미분하면

$$\kappa_2{}'(t)=-36(3\sin^2 t+1)^{-\frac{5}{2}}\sin 2t$$

이다. 따라서 극대값 및 극소값은 $\kappa_2{}'(t)=0$, 즉, $\sin 2t=0$을 만족하는 값이다.

정의 4.20

평면위의 단순폐곡선이 **볼록**(convex)하다고 하는 것은 임의의 곡선 내부의 두 점을 연결하는 선분이 다시 곡선 내부에 포함될 때이다.

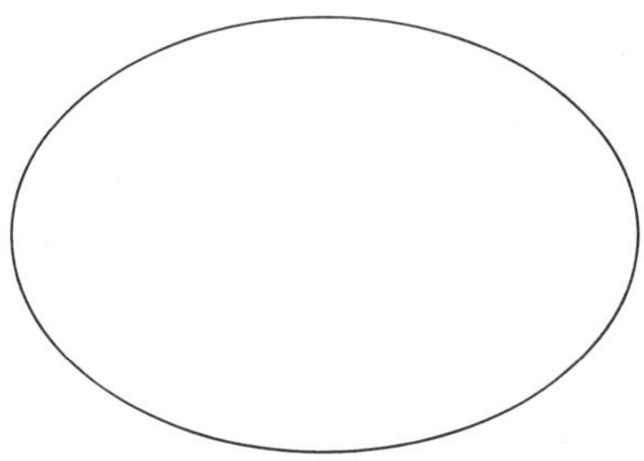

볼록 곡선

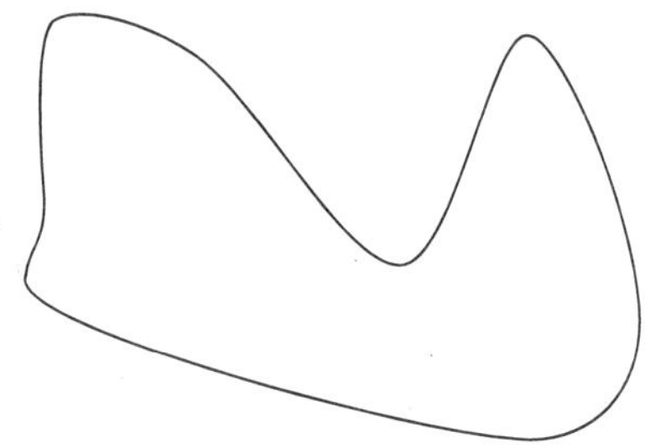

볼록곡선이 아니다.

정리 4.21

> (**네 꼭지점 정리**) 평면상의 정칙인 단순폐곡선이 볼록일 때, 적어도 네 개의 꼭지점이 존재한다.

❙ 증명 자세한 증명은 참고문헌 [3]을 참고하여라. □

정의 4.22

> 평면상의 정칙인 단순폐곡선이 $\kappa_2 > 0$, 또는 $\kappa_2 < 0$일 때, 곡선을 **타원형곡선**(oval)이라고 한다.

❙ 참고 (1) 타원형곡선(oval)은 볼록곡선(convex)이다. 그러나 그 역은 성립하지 않는다.

(2) 임의의 타원형곡선 α 위의 점 $p = \alpha(s)$에 대하여 $\bar{p} = \overline{\alpha(s)}$는

$$T(\bar{p}) = -T(p) \tag{4.1}$$

를 만족하는 점이라 하자. 여기서 $T(p) = \alpha'(s)/\|\alpha'(s)\|$는 점 p에서 단위접벡터이다.

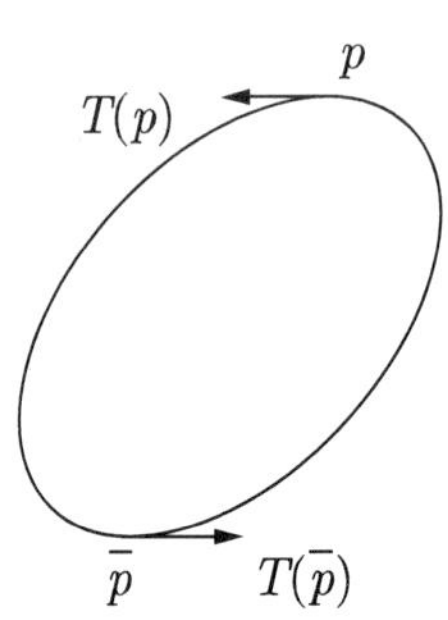

정의 4.23

타원형곡선 α 위의 임의의 점 $p=\alpha(s)$에서의 **너비**(width) $\omega(s)$, 또는 $\omega(p)$는 두 접선 $L(p)$와 $L(\bar{p})$ 사이의 거리이다. 즉,

$$\omega(p) = \mathrm{dist}(p,\ L(\bar{p})).$$

만약 ω가 점에 독립일 때, α를 **상수너비**(constant width) 곡선이라 한다.

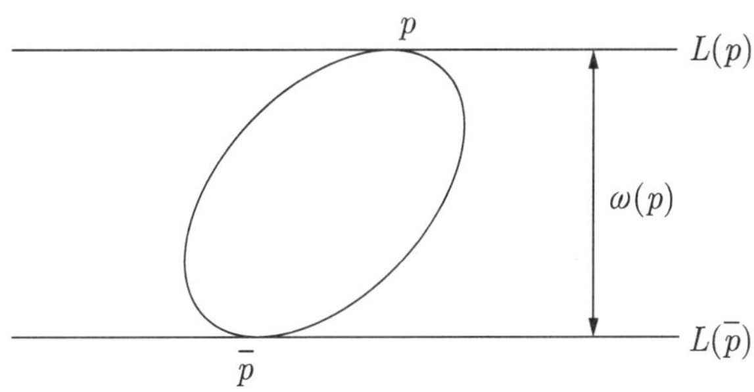

예제 4.24 반지름 R인 원의 너비는 $\omega(p)=2R$이다. 따라서 원은 상수너비곡선이다.

정리 4.25

(Barbier, 1860) 상수너비 ω를 가지는 타원형곡선의 길이는 $\pi\omega$이다.

증명 단위속력곡선 $\beta: R \to R^2$를 상수너비를 가지는 타원형곡선(oval)이라 하자. 그러면 $\omega(s)=|\langle \bar{\beta}(s)-\beta(s),\ JT(s)\rangle|$이기 때문에

$$\bar{\beta}(s)-\beta(s)=\lambda(s)T(s)+\omega JT(s) \tag{4.2}$$

로 표현할 수 있다. 여기서 $\bar{\beta}(s)=\overline{\beta(s)}$이다. 따라서 (4.2)를 미분하면

$$\bar{\beta}'(s)=(\lambda'-\omega\kappa_2+1)T+\lambda\kappa_2 JT \tag{4.3}$$

이다. 여기서 $T'=\kappa_2 JT$이다. 점 $\bar{p}$의 정의 (4.1)로부터

$$\frac{\bar{\beta}'(s)}{\|\bar{\beta}'(s)\|}=T(\bar{p})=-T(p)=-T(s),\quad \frac{d\bar{s}}{ds}=\|\bar{\beta}'(s)\|$$

가 성립한다. 여기서 $\overline{s}$는 곡선 $\overline{\beta}$의 호길이(arc length) 함수이다. 그러므로

$$\overline{\beta}'(s) = -\frac{d\overline{s}}{ds}T(s)$$

이다. 따라서 (4.3)으로부터

$$\left(1+\frac{d\overline{s}}{ds}+\lambda'-\omega\kappa_2\right)T+\lambda\kappa_2 JT=0 \tag{4.4}$$

이다. 그러므로 $\kappa_2 = \dfrac{d\theta}{ds}$이므로 (4.4)식으로부터

$$\frac{d(s+\overline{s})}{ds}+\frac{d\lambda}{ds}-\omega\frac{d\theta}{ds}=0, \quad \lambda\kappa_2=0 \tag{4.5}$$

가 성립한다. 한편 타원형곡선의 곡률은 $\kappa_2 > 0$이기 때문에 식 (4.5)의 두 번째 등식으로부터 $\lambda = 0$이다. 따라서 (4.5)의 첫 번째 등식은

$$\frac{d(s+\overline{s})}{ds}-\omega\frac{d\theta}{ds}=0$$

이 된다. 지금 점 $p=\beta(s_0)$를 고정하고 $\overline{p}=\beta(s_1)=\overline{\beta}(s_0)$이라 하자.

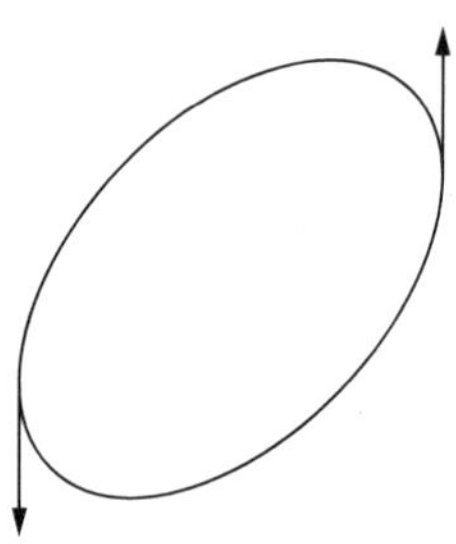

그러면 타원형곡선의 길이는 $L(\beta)=L_{s_0}^{s_1}(\beta)+L_{s_0}^{s_1}(\overline{\beta})$ 이다. 따라서

$$\begin{aligned} L(\beta) &= \int_{s_0}^{s_1} ds + \int_{s_0}^{s_1}\frac{d\overline{s}}{ds}ds = \int_{s_0}^{s_1}\frac{d(s+\overline{s})}{ds}ds \\ &= \int_{s_0}^{s_1}\omega\frac{d\theta}{ds}ds = \int_0^{\pi}\omega d\theta = \pi\omega \end{aligned}$$

이다. □

예제 4.26 반지름 r인 원의 너비는 $w=2r$이므로 곡선의 길이는 $L=\pi\omega=2\pi r$이다.

정리 4.27

> 타원형곡선 α가 상수너비를 가질 때 벡터 $\overline{p}-p$는 접벡터 $T(p)$와 $T(\overline{p})$에 각각 수직이다. 다시 말하면, $\overline{p}-p$는 JT와 평행이다.

증명 정리 4.25의 증명과정에서 식 (4.5)로부터 $\lambda=0$이다. 따라서 (4.2)로부터

$$\overline{p}-p=\omega JT$$

이다. 즉, $\overline{p}-p$와 JT는 평행이다. □

4.3 등주부등식

정리 4.28

> 정칙인 단순폐곡선 $\alpha:[a,\ b]\to R^2$에 의해 유계인 영역 Ω의 면적 $A(\Omega)$는
>
> $$A(\Omega)=\int_\alpha x\,dy=-\int_\alpha y\,dx.$$

증명 Green 정리를 이용한다. 즉, $F(x,\ y)=(f(x,\ y),\ g(x,\ y))$에 대하여

$$\int_\alpha f\,dx+g\,dy=\iint_D\left(\frac{\partial g}{\partial x}-\frac{\partial f}{\partial y}\right)dxdy.$$

여기서 α는 영역 Ω의 경계인 곡선이다. 따라서 $f(x,\ y)=0,\ g(x,\ y)=x$로 두면 $\dfrac{\partial g}{\partial x}=1,\ \dfrac{\partial f}{\partial y}=0$이 성립하므로 Green 정리에 의해

$$A(\Omega)=\iint_\Omega 1\,dxdy=\int_\alpha x\,dy$$

이다. 두 번째 등식도 같은 방법으로 증명된다. □

정리 4.29

> (**등주부등식**, Isoperimetric inequality) 정칙인 단순폐곡선 $\alpha : [a,\ b] \to R^2$의 길이를 L, 유계인 영역의 면적을 A라 할 때
>
> $$L^2 \geq 4\pi A$$
>
> 이 성립한다.

▌증명 곡선 $\alpha : [0,\ L] \to R^2$를 단위속력곡선이라 하자. 직선 l_1를 점 $A = \alpha(0)$에서의 접선이라 하자. 물론 $\alpha(0)$는 $l_1 \cap \alpha = \{\alpha(0)\}$가 되는 점으로 잡는다. 그리고 l_2는 l_1과 평행하고 $l_2 \cap \alpha = \{\alpha(s_1)\}$이라 하자. 그리고 $B = \alpha(s_1)$이라 두고 곡선을 적당히 이동히여 좌표공간상에서 l_1과 l_2가 y축에 평행되게 하자. 그리고 l_1과 l_2 사이에 내접하고 원점을 중심으로 하는 원을 β라 하자.

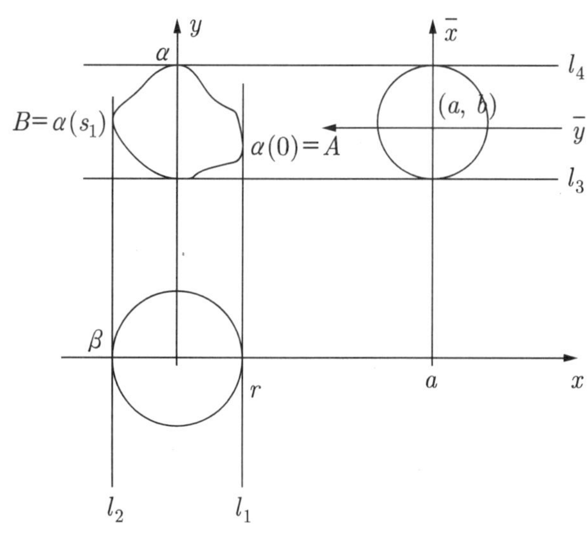

일반성을 잃지 않고 곡선 $\alpha : [0,\ L] \to R^2$를 단위속력곡선이라 하자. 즉, $\alpha(s) = (x(s),\ y(s)),\ \ x'(s)^2 + y'(s)^2 = 1$이다. 그리고 곡선 $\beta : [0,\ L] \to R^2$의 방정식을 $\beta(s) = (f(s),\ g(s))$라 할 때,

$$f(s) = x(s), \quad g(s) = \begin{cases} \sqrt{r^2 - x^2} & 0 \leq s \leq s_1 \\ -\sqrt{r^2 - x^2} & s_1 \leq s \leq L \end{cases} \tag{4.6}$$

이다. 여기서 s가 β의 호길이 함수는 아니다. 그러면 정리 4.27에 의해 곡선 α에 의해 둘러싸인 영역의 면적 A는

$$A = \int_{\alpha} x\,dy = \int_0^L x y' ds. \tag{4.7}$$

또 곡선 β에 의해 경계되는 영역의 면적은 πr^2이므로

$$\pi r^2 = -\int_{\beta} y dx = -\int_0^L g\,df = -\int_0^L g f' ds = -\int_0^L g x' ds. \tag{4.8}$$

그러므로 (4.7)과 (4.8)을 합하면

$$\begin{aligned} A + \pi r^2 &= \int_0^L (xy' - gx')\,ds \qquad (4.9)\\ &= \int_0^L |xy' - gx'|\,ds \\ &= \int_0^L |\langle (x',\ y'),\ (-g,\ x)\rangle|\,ds \\ &\le \int_0^L (x'^2 + y'^2)^{1/2}(g^2 + f^2)^{1/2} ds \ \ (Schwarz's\ \text{부등식}) \\ &= rL \end{aligned}$$

이 성립한다. 따라서

$$A + \pi r^2 \le rL \tag{4.10}$$

이다. 한편 부등식 $\sqrt{ab} \le \dfrac{a+b}{2}$ (a, b는 양수)로부터

$$\sqrt{A\pi r^2} \le \frac{A + \pi r^2}{2} \le \frac{rL}{2} \tag{4.11}$$

이므로 $L^2 \ge 4\pi A$이다. □

따름 정리 4.30

단순폐곡선 $\alpha : [a, b] \to R^2$의 길이를 L, 유계인 영역의 면적을 A라 할 때

$$L^2 = 4\pi A$$

일 필요충분조건은 곡선이 원(circle)일 때이다. 즉 같은 길이를 가지는 곡선으로 둘러싸인 영역의 면적이 최대일 경우는 원일 때이다.

증명 곡선의 길이와 면적이 $L^2 = 4\pi A$을 만족하면 (4.9)의 Schwarz 부등식으로부터

$$(-g,\ x) = \mu(x',\ y') \tag{4.12}$$

이다. 따라서 (4.12)로부터 $\mu = xy' - x'g$이고 (4.9)로부터 $A + \pi r^2 = \mu L$이다. 즉, $\mu > 0$이다. 더구나 (4.6)과 (4.12)로부터 $r^2 = g^2 + x^2 = \mu^2(x'^2 + y'^2) = \mu^2$이므로 $\mu = \pm r$이다. 따라서 $\mu = r$이다. 즉,

$$\text{(i)}\ \ x = ry' \tag{4.13}$$

이다. 한편 (4.11)의 첫 번째 부등식으로부터 등호가 성립할 조건으로부터

$$\text{(ii)}\ \ A = \pi r^2 \tag{4.14}$$

이 성립한다. 그러므로 (ii)로부터 실수 r은 오직 곡선에 의해 둘러싸인 영역의 면적에 의해서만 종속하고 접선 l_1의 선택에는 영향을 받지 않는다. 따라서 유사한 방법으로 l_1에 수직인 접선 l_3, l_4라고 하고 내접하는 원의 중심을 $(a,\ b)$라 할 때, $(a,\ b)$를 원점으로 하는 새로운 좌표축을 $(\overline{x},\ \overline{y})$라 하면 새로운 좌표축에 대해서도 (i)과 (ii)가 성립한다. 즉,

$$\text{(i)'}\ \ \overline{x} = r\overline{y}', \quad \text{(ii)'}\ \ A = \pi r^2$$

이 성립하고 원래의 좌표와의 변환식은

$$(\overline{x},\ \overline{y}) = (y - b,\ -x + a)$$

이다. 따라서 (i)과 (i)'으로부터

$$x^2 + (y-b)^2 = r^2 y'^2 + \overline{x}^2 = r^2 y'^2 + r^2 \overline{y}'^2 = r^2(y'^2 + x'^2) = r^2$$

이므로 곡선은 원이다. □

제4장 연습문제

01 양의 실수 a, b에 대하여 다음 부등식 $\sqrt{ab} \le \dfrac{a+b}{2}$ 임을 증명하고 등호가 성립할 필요충분조건은 $a=b$임을 증명하여라.

02 다음 곡선들의 주기(period)와 회전수(rotation number)를 구하여라. 또한 단순폐곡선인 곡선을 찾아라.

(1) $\alpha(t) = (\sin t,\ \sin t\cos t)$

(2) $\alpha(t) = \left(\dfrac{\cos t}{1+\sin^2 t},\ \dfrac{\sin t\cos t}{1+\sin^2 t}\right)$

(3) $\alpha(t) = (2\cos t+1)(\cos t,\ \sin t)$

(4) $\alpha(t) = (\cos t - 2\sin t\cos t,\ \sin t - 2\sin^2 t)$

03 다음 곡선이 단순폐곡선임을 보이고 곡선으로 둘러싸인 영역의 면적을 구하여라.

$$\gamma(t) = (a\cos t,\ b\sin t), \quad a,\ b > 0.$$

04 상수너비를 가진 도형을 찾아보아라. (정다각형을 생각하여라.)

제5장

곡면론

DIFFERENTIAL GEOMETRY

5.1 좌표조각사상

이 장에서는 R^3상에서의 곡면을 다룬다. 먼저 $U \subset R^2$를 열린집합(open set)이라 한다. 이때 함수 $X : U \to R^3$는

$$X(u, v) = (x(u, v), y(u, v), z(u, v))$$

로 표현가능하다. 여기서 (u, v)는 R^2의 좌표함수(coordinate function)이다.

정의 5.1

미분가능함수 $X : U \subset R^2 \to R^3$를 **조각사상**(patch)이라고 한다.

▎참고 임의의 부분집합 $\overline{U} \subset R^2$상에서 $X : \overline{U} \to R^3$가 조각사상이란 $\overline{U}$를 포함하는 열린집합 U상에서의 조각사상 $Y : U \to R^3$가 존재하여 $Y|_{\overline{U}} = X$를 만족할 때이다. 그러므로 임의의 집합에서 조각사상을 정의할 수 있다.

보조정리 5.2

조각사상 $X : U \to R^3$가 주어질 때, 임의의 점 $p \in U$에 대하여 미분사상 dX_p는

$$dX_p(E_1(p)) = X_u(p), \quad dX_p(E_2(p)) = X_v(p)$$

을 만족한다. 여기서 $X_u = (x_u, y_u, z_u)$, $X_v = (x_v, y_v, z_v)$이다.

▎증명 조각사상 $X(u, v) = (x(u, v), y(u, v), z(u, v))$에 대하여 정리 2.22에 의해

$$\begin{aligned} dX_p(E_1(p)) &= (E_1[x], E_1[y], E_1[z])(p) \\ &= \left(\frac{\partial x}{\partial u}(p), \frac{\partial y}{\partial u}(p), \frac{\partial z}{\partial u}(p)\right) \\ &= X_u(p) \end{aligned}$$

이다. 두 번째 등식도 유사하게 증명된다. □

정리 5.3

조각사상 $X: U \to R^3$에 대하여 다음 사실들이 동치이다. 임의의 점 $p \in U$에 대하여

(1) $\{X_u(p), X_v(p)\}$는 일차독립(linearly independent)이다.

(2) $\|X_u \times X_v\|(p) \neq 0$이다.

(3) $\text{rank}\, \mathfrak{J}X(p) = 2$이다.

(4) 미분사상 $dX_p: T_pR^2 \to T_{X(p)}R^3$는 단사함수(injective)이다.

증명 정리 2.28로부터 쉽게 증명된다. 실제로

$$X(u, v) = (x(u, v), y(u, v), z(u, v))$$

이므로

$$\mathfrak{J}X(p) = \begin{pmatrix} x_u & x_v \\ y_u & y_v \\ z_u & z_v \end{pmatrix}(p)$$

이다. 따라서 (1) ⇔ (2)는 벡터의 성질로부터 분명하다. (3) ⇔ (4)는 정리 2.28로부터 증명된다. (1) ⇔ (3)은 행렬의 성질로부터 증명된다. □

정의 5.4

조각사상 $X: U \to R^3$가 다음 두 조건

$$\text{(i) } X: \text{단사함수} \quad \text{(ii)} (X_u \times X_v)(p) \neq 0 \quad \forall p$$

를 만족할 때, X를 **좌표조각사상**(coordinate patch)이라 하고 $X(U)$를 **단순곡면**(simple surface)이라 한다.

예제 5.5 $U=\{(u,\ v)\mid u^2+v^2<1\}$일 때, $X(u,\ v)=(u,\ v,\ \sqrt{1-u^2-v^2})$은 좌표조각사상이다. 실제로 $X_u \times X_v = \left(\frac{u}{\sqrt{1-u^2-v^2}},\ \frac{v}{\sqrt{1-u^2-v^2}},\ 1\right) \neq 0$이고 X는 단사함수이다.

```
In[2]:= ParametricPlot3D[{Cos[v] Cos[u], Cos[v] Sin[u], Sin[v]}, {u, 0, 2 Pi}, {v, 0, Pi/2},
        Axes → None, Boxed → False]
```

Out[2]=

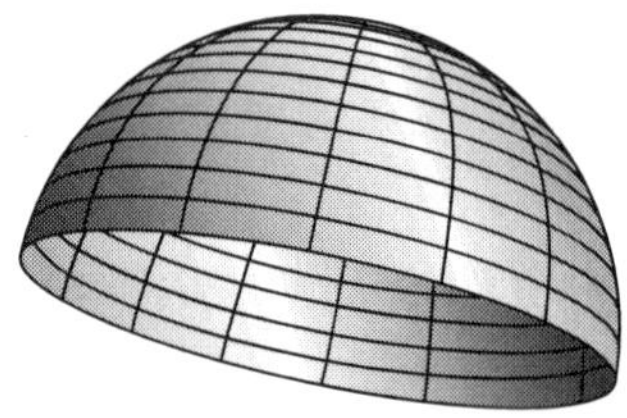

예제 5.6 $U=\{(u,\ v)\mid v>0\}$일 때, $X(u,\ v)=(u^2,\ v^2,\ uv)$는 좌표조각사상이다. 실제로 $X_u \times X_v = (-2v^2,\ -2u^2,\ 4uv) \neq 0$이고 X는 단사함수이다.

```
In[7]:= ParametricPlot3D[{u^2, v^2, u v}, {u, -1, 1}, {v, 0.1, 1}, AspectRatio → Automatic]
```

Out[7]=

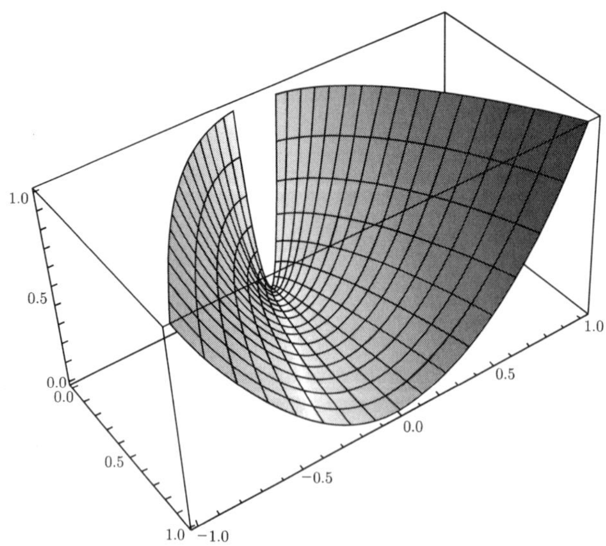

예제 5.7 $U=\{(u,\ v)\mid v>-1\}$일 때, $X(u,\ v)=(u^2,\ v^2,\ uv)$는 좌표조각사상이 아니다. 왜냐하면 X는 단사함수도 아니고 $(X_u\times X_v)(0)=0$이다.

```
In[1]:= ParametricPlot3D[{u^2, v^2, u v}, {u, -1, 1}, {v, -1, 1}, AspectRatio → Automatic]
```

Out[1]=

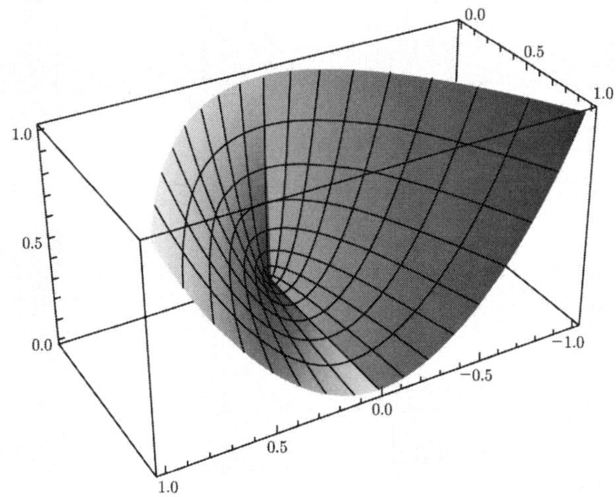

예제 5.8 (**구면**, sphere) 반지름 r인 구면 $S^2(r)$상의 구면좌표함수는 좌표조각사상이다. 즉, $U=\left\{(u,\ v)\in R^2\mid 0<u<2\pi,\ -\frac{\pi}{2}<v<\frac{\pi}{2}\right\}$일 때, 구면좌표함수 $X:\ U\ \rightarrow\ S^2(r)$는

$$X(u,\ v)=(r\cos v\cos u,\ r\cos v\sin u,\ r\sin v)$$

이므로 X는 좌표조각사상이다.

풀이 $\|X_u\times X_v\|\neq 0$임을 쉽게 증명할 수 있다. 실제로,

$$X_u=(-r\cos v\sin u,\ r\cos v\cos u,\ 0),$$
$$X_v=(-r\sin v\cos u,\ -r\sin v\sin u,\ r\cos v),$$
$$X_u\times X_v=r^2\cos v(\cos v\cos u,\ \cos v\sin u,\ \sin v)$$

이고 따라서 $\|X_u\times X_v\|=r^2\cos v\neq 0$이므로 좌표조각사상이다.

정리 5.9

미분가능함수 $f: U \subset R^2 \to R$에 대하여 함수 $X: U \to R^3$가

$$X(u, v) = (u, v, f(u, v))$$

으로 정의되면, $X: U \to R^3$는 항상 좌표조각사상이다. 이것을 Monge **조각사상**이라 하고 $X(U)$를 Monge **곡면**이라 한다.

증명 함수 f가 미분가능이기 때문에 X는 미분가능이다. 더구나

$$X_u \times X_v = (-f_u, -f_v, 1) \neq 0$$

이므로 X는 좌표조각사상이다. □

예제 5.10 예제 5.5에서의 X는 Monge 조각사상이다.

보조정리 5.11

좌표조각사상 $X: U \to R^3$ 위의 임의의 정칙곡선 $\alpha: (a, b) \to X(U) \subset R^3$는 어떤 미분가능한 함수 $u, v: (a, b) \to R$가 존재하여 $\alpha(t) = X(u(t), v(t))$로 표현된다.

증명 $X: U \to X(U)$는 전단사함수이기 때문에 X^{-1}가 존재하고 X^{-1}는 역함수정리에 의해 미분가능하므로 $X^{-1} \circ \alpha$는 미분가능하다. 따라서 미분가능한 함수 u, v가 존재하여

$$(X^{-1} \circ \alpha)(t) = (u(t), v(t))$$

을 만족한다. □

정의 5.12

좌표조각사상 $X: U \to R^3$ 위의 한 점 $p=(u_0,\ v_0)$에 대하여

$$\alpha(u) = X(u,\ v_0), \quad \beta(v) = X(u_0,\ v)$$

를 각각 p점을 지나는 u**-곡선**(u-curve), v**-곡선**(v-curve)이라 한다.

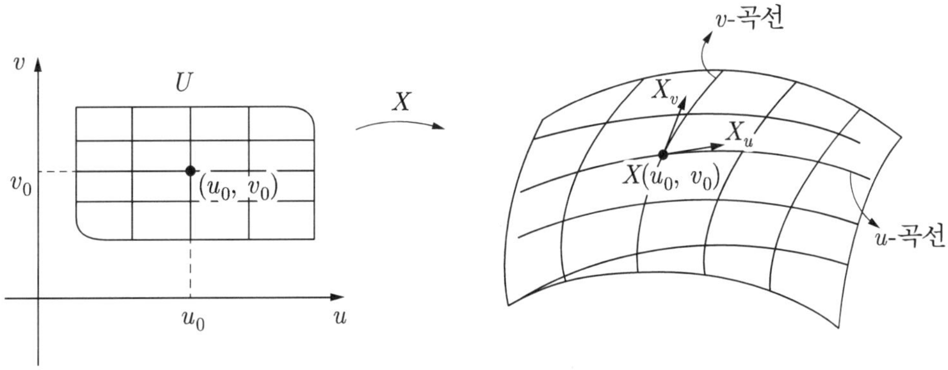

정의 5.13

좌표조각사상 $X: U \to R^3$ 위의 임의의 점 $p \in X(U)$에서 벡터 v_p가 어떤 곡선 $\alpha : (a,\ b) \to X(U)$에 대하여

$$\alpha'(0) = v_p, \quad \alpha(0) = p$$

를 만족할 때, 벡터 v_p를 점 p에서 **접벡터**(tangent vector)라 하고

$$T_pX = \{v_p \in T_pR^3 \mid v_p = \alpha'(0),\ \alpha(0) = p,\ \forall \alpha \subset X(U)\}$$

를 점 p에서의 **접평면**(tangent plane)이라 한다.

참고 X_u와 X_v는 u-곡선과 v-곡선의 속도벡터이므로 X_u와 X_v는 X의 접벡터이다.

정리 5.14

좌표조각사상 $X: U \to R^3$ 위의 점 $p \in X(U)$에서의 접평면 T_pX는 벡터공간(vector space)이고 $\{X_u,\ X_v\}$는 기저(basis)이다.

증명 (i) 우선 T_pX가 벡터공간임을 증명하자. 점 p에서의 두 접벡터 $v_p, w_p \in T_pX$ $(p = X(u_0, v_0))$에 대하여 두 곡선 $\alpha, \beta : (a, b) \to X(U)$가

$$\alpha'(0) = v_p, \quad \beta'(0) = w_p, \quad p = \alpha(0) = \beta(0)$$

을 만족한다고 하자. 그러면 α, β는 미분가능한 함수 $u, v, \tilde{u}, \tilde{v} : (a, b) \to R$에 대하여

$$\alpha(t) = X(u(t), v(t)), \quad \beta(t) = X(\tilde{u}(t), \tilde{v}(t))$$

로 표현된다. 그러므로 합성함수의 미분에 의해

$$v_p = \alpha'(0) = u'(0)X_u + v'(0)X_v, \quad w_p = \beta'(0) = \tilde{u}'(0)X_u + \tilde{v}'(0)X_v$$

이다. 따라서 임의의 실수 $a, b \in R$에 대하여 곡선 γ를

$$\gamma(t) = X(u_0 + t\{au'(0) + b\tilde{u}'(0)\}, v_0 + t\{av'(0) + b\tilde{v}'(0)\})$$

으로 정의하면 γ는 $X(U)$상의 곡선으로

$$\gamma(0) = X(u_0, v_0) = p, \quad \gamma'(0) = av_p + bw_p$$

를 만족한다. 따라서 $av_p + bw_p \in T_pX$이므로 T_pX는 벡터공간이다.

(ii) 정리 5.3으로부터 $\{X_u, X_v\}$가 일차독립임은 분명하다. 또한 임의의 접벡터 $v_p \in T_pX$가 X_u와 X_v의 일차결합으로 표현됨은 합성함수의 미분으로부터 알 수 있다. 따라서 $\{X_u, X_v\}$는 기저이다. □

정의 5.15

좌표조각사상 $X : U \to R^3$ 위의 임의의 점 $p \in X(U)$에서

$$N_pX = \{z_p \in T_pR^3 \mid \langle z_p, v_p \rangle = 0, \ \forall v_p \in T_pX\}$$

를 점 p에서의 **법공간**(normal space)이라 하고 원소 $z_p \in N_pX$를 **법벡터**(normal vector)라 한다.

참고 좌표조각사상 $X : U \to R^3$ 위의 임의의 점 $p \in X(U)$에서

$$T_pR^3 = T_pX \oplus N_pX$$

이 성립한다.

정의 5.16

좌표조각사상 $X: U \to R^3$에 대해서 벡터값을 갖는 함수

$$V: X(U) \to \bigcup_{p \in X(U)} T_pR^3, \quad V(q) \in T_{X(q)}R^3$$

를 $X(U)$상에서의 **벡터장**(vector field)이라 한다. 특히 $V(q) \in T_{X(q)}X$일 때 V를 X의 **접벡터장**(tangent vector field)이라 하고 $V(q) \in N_{X(q)}X$일 때, V를 X의 **법벡터장**(normal vector field)이라 한다.

정리 5.17

좌표조각사상 $X: U \to R^3$가 주어질 때, $X_u \times X_v$는 X의 법벡터장이다. 즉, 임의의 $p \in X(U)$에 대하여 $(X_u \times X_v)(p) \in N_pX$이다.

증명 임의의 점 $p \in X(U)$에 대하여 $(X_u \times X_v)(p)$는 $X_u(p)$와 $X_v(p)$에 수직이다. 한편 $\{X_u, X_v\}$는 T_pX의 기저이기 때문에

$$\langle (X_u \times X_v)(p), v_p \rangle = 0, \quad \forall v_p \in T_pX$$

이다. □

기호 좌표조각사상 $X: U \to R^3$의 단위법벡터장을 n이라 하자. 즉 n은

$$n = \frac{X_u \times X_v}{\| X_u \times X_v \|}.$$

5.2 정칙곡면

정의 5.18

집합 $M \subset R^3$이 다음 조건 (1)과 (2)를 만족할 때,

(1) $M = \cup_j X_j(U_j)$, 여기서 $X_j : U_j \to X_j(U_j)$는 좌표조각사상이다.

(2) $\Omega_{jk} \equiv X_j(U_j) \cap X_k(U_k) \neq \varnothing$일 때,

$$X_j^{-1} \circ X_k : X_k^{-1}(\Omega_{jk}) \to X_j^{-1}(\Omega_{jk})$$

이 미분동형사상(diffeomorphism)이다. 이때 M을 **정칙곡면**(regular surface)이라 한다.

예제 5.19 구면 $S^2(r) = \{(x, y, z) \in R^3 \mid x^2 + y^2 + z^2 = r^2\}$은 정칙곡면이다.

▌풀이 집합 $U = \{(u, v) \in R^2 \mid u^2 + v^2 < r^2\}$상에서 함수 $f(u, v) = \sqrt{r^2 - u^2 - v^2}$가 미분가능하므로 함수 $X : U \to R^3$를

$$X(u, v) = (u, v, \sqrt{r^2 - u^2 - v^2})$$

으로 정의하면 X는 좌표조각사상이다. 따라서 6개의 함수 $X_\pm : U \to R^3$, $Y_\pm : U \to R^3$, $Z_\pm : U \to R^3$, 즉

$$X_\pm(u, v) = (\pm\sqrt{r^2 - u^2 - v^2}, u, v),$$
$$Y_\pm(u, v) = (u, \pm\sqrt{r^2 - u^2 - v^2}, v),$$
$$Z_\pm(u, v) = (u, v, \pm\sqrt{r^2 - u^2 - v^2})$$

은 모두 좌표조각사상이고 $S^2(r) = X_+ \cup X_- \cup Y_+ \cup Y_- \cup Z_+ \cup Z_-$이다. 한편 $X_+(U) \cap Y_+(U) = \{(x, y, z) \in S^2(r) \mid x > 0, y > 0\} \neq \varnothing$상에서

$$\begin{aligned}(Y_+^{-1} \circ X_+)(u, v) &= Y_+^{-1}(\sqrt{r^2 - u^2 - v^2}, u, v) \\ &= (\sqrt{r^2 - u^2 - v^2}, v)\end{aligned}$$

는 일대일대응이고 미분동형사상이다. 다른 경우에도 유사하게 증명된다. 따라서 $S^2(r)$은 정칙곡면이다.

정리 5.20

> 미분가능함수 $g: R^3 \to R$와 상수 c에 대하여
>
> $$M_c = \{(x, y, z) \in R^3 \mid g(x, y, z) = c\}$$
>
> 를 **등위곡면**(level surface)이라고 한다. 이때, 임의의 점 $p \in M_c$에서 $(\nabla g)(p) \neq 0$이면 M_c는 정칙곡면이다.

증명 먼저 임의의 점 $p \in M_c$에 대하여 정칙조각사상이 존재함을 보인다. 일반성을 잃지 않고 조건 $(\nabla g)(p) = \left(\frac{\partial g}{\partial x}(p), \frac{\partial g}{\partial y}(p), \frac{\partial g}{\partial z}(p)\right) \neq 0$으로부터 $\frac{\partial g}{\partial z}(p) \neq 0$를 가정할 수 있다. 따라서 음함수 정리(implicit function theorem)에 의해 함수 $h: U(\subset R^2) \to R$가 존재하여 $g(x, y, h(x, y)) = c$가 성립한다. 따라서, $X: U \to M_c$를 $X(u, v) = (u, v, h(u, v))$로 정의하면 X는 점 p의 근방에서 좌표조각사상이 된다. 따라서 M_c는 정칙곡면이다. □

정리 5.21

> 등위곡면 $M_c = \{(x, y, z) \mid g(x, y, z) = c\}$상에서 기울기벡터 $(\nabla g)(p)$는 M_c에 수직이다. 즉, $(\nabla g)(p) \perp T_pM_c$이고 단위법벡터장 $\boldsymbol{n}$은
>
> $$\boldsymbol{n} = \frac{\nabla g}{\|\nabla g\|}$$
>
> 이다.

증명 임의의 접벡터 $v_p \in T_pM_c$에 대하여 $\alpha'(0) = v_p$, $\alpha(0) = p$을 만족하는 M_c상의 곡선 $\alpha: (a, b) \to M_c$가 존재한다. 따라서 $g(\alpha(t)) = c$이므로

$$0 = (g \circ \alpha)'(t) = \frac{\partial g}{\partial x}(p)v_1 + \frac{\partial g}{\partial y}(p)v_2 + \frac{\partial g}{\partial z}(p)v_3 = \langle (\nabla g)(p), v_p \rangle$$

이다. 그러므로 $(\nabla g)(p)$는 M_c에 수직이다. □

5.3 선직면과 회전면

정의 5.22

정칙곡선 $\alpha : (a,\ b) \to R^3$와 곡선 $\gamma : (a,\ b) \to R^3$가 주어질 때, 조각사상이

$$X(u,\ v) = \alpha(u) + v\gamma(u)$$

으로 표현되는 곡면을 **선직면**(ruled surface)이라고 한다. 이때, α를 **기저곡선**(base curve), γ를 **방향곡선**(director curve)이라고 한다.
특히 $\gamma(u) = \alpha'(u)$일 때, X를 기저곡선 α의 **접곡면**(tangent surface), $\gamma'(u) = 0$일 때, X를 **일반원기둥면**(generalized cylinder), 그리고 $\alpha'(u) = 0$일 때, X를 **일반원뿔**(generalized cone)이라 한다.

참고 선직면 $X(u,\ v) = \alpha(u) + v\gamma(u)$에서 v-곡선은 직선이다. 여기서 v-곡선을 선직면의 **모선**(ruling)이라 한다.

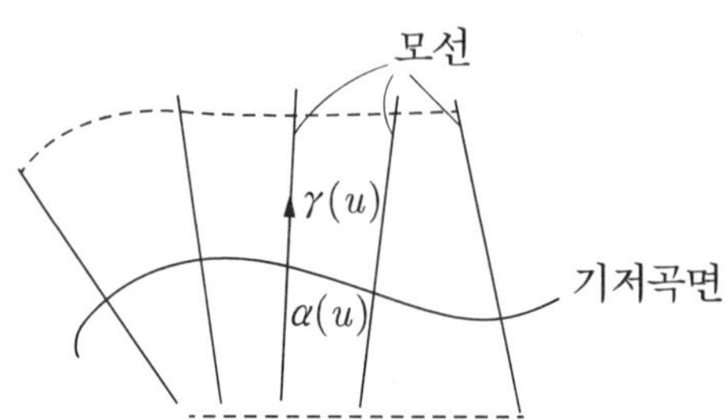

정리 5.23

선직면이 정칙곡면이 될 필요충분조건은 $(\alpha' + v\gamma') \times \gamma \neq 0$이다. 특히

(1) 접곡면이 정칙곡면일 조건은 $\kappa_\alpha \neq 0$, 즉, $\alpha' \times \alpha'' \neq 0$, $v \neq 0$이다.

(2) 일반원기둥면이 정칙일 필요충분조건은 $\alpha' \times \gamma \neq 0$이다.

(3) 일반원뿔이 정칙일 필요충분조건은 $\gamma \times \gamma' \neq 0$, $v \neq 0$이다.

증명 정칙일 조건 $X_u \times X_v = (\alpha' + v\gamma') \times \gamma \neq 0$으로부터 분명하다. □

정의 5.24

평면상의 정칙곡선 α를 그 평면상의 직선 l을 축으로 회전하여 얻어진 곡면을 **회전면**(surface of revolution)이라 한다. 여기서 곡선 α를 **윤곽선**(profile curve)이라 한다.

정리 5.25

R^3상에서 주어진 정칙곡선 $\alpha(u) = (g(u),\ h(u),\ 0)$ $(h > 0)$를 x축으로 회전한 회전면은 정칙곡면이고 조각사상은

$$X(u,\ v) = (g(u),\ h(u)\cos v,\ h(u)\sin v)$$

이다. 이때 u-곡선을 **경도선**(meridian), v-곡선을 **위도선**(parallel)이라 한다.

증명 연습문제. □

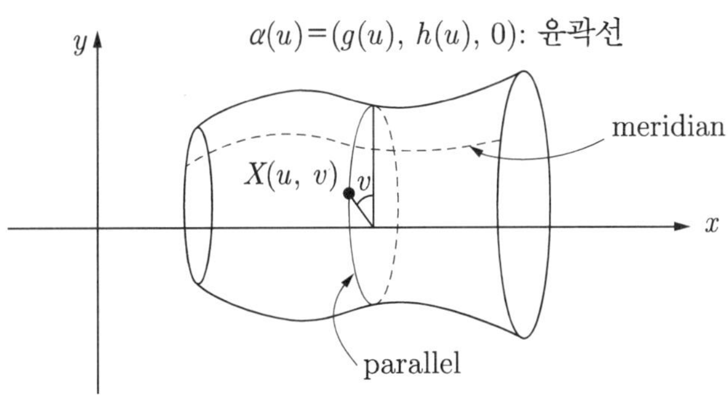

5.4 곡면들의 예

예제 5.26 (**구면**, sphere) 구면 $S^2(r)=\{(x,\ y,\ z)\,|\,x^2+y^2+z^2=r^2\}$은 정칙곡면이다 (예제 5.8, 예제 5.19참조).

풀이 $g(x,\ y,\ z)=x^2+y^2+z^2$이라 두면 $\nabla g=(2x,\ 2y,\ 2z)=0$을 만족하는 점은 $p=(0,\ 0,\ 0)$이다. 그러나 $p\notin S^2(r)$이므로 정리 5.19에 의해 $S^2(r)$은 정칙곡면이다.

예제 5.27 (**원기둥**, cylinder) 원기둥 $M=\{(x,\ y,\ z)\,|\,x^2+y^2=r^2,\ 0<z<1\}$은 정칙곡면이다.

```
In[11]:= ParametricPlot3D[{Cos[u], Sin[u], v}, {u, 0, 2 Pi}, {v, 0, 1.2},
           AspectRatio → Automatic, Axes → None, Boxed → False]
```

Out[11]=

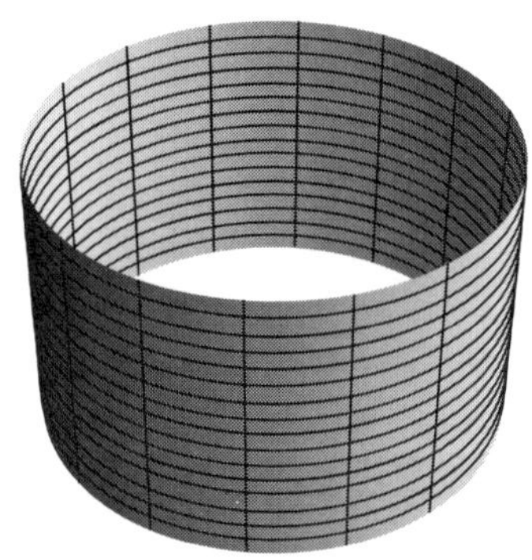

풀이 $g(x,\ y,\ z)=x^2+y^2$으로 두면 $\nabla g=(2x,\ 2y,\ 0)=0$을 만족하는 점은 $p=(0,\ 0,\ 0)$이다. 하지만 $p\notin M$이니까 원기둥은 정칙곡면이다. 한편 원기둥의 좌표조각사상은 $0<u<2\pi$, $0<v<1$인 $u,\ v$에 대하여

$$X(u,\ v)=(r\cos u,\ r\sin u,\ v)$$

으로 표현된다.

예제 5.28 (**원환면**, torus) 원환면의 좌표조각사상은 다음과 같이 주어진다. 즉, 양의 실수 $0<r<R$과 $0<u,\ v<2\pi$인 $u,\ v$에 대하여

$$X(u,\ v)=((R+r\cos u)\cos v,\ (R+r\cos u)\sin v,\ r\sin u)$$

이다. 그러므로

$$\begin{aligned} X_u &= (-r\sin u\cos v,\ -r\sin u\sin v,\ r\cos u), \\ X_v &= (-(R+r\cos u)\sin v,\ (R+r\cos u)\cos v,\ 0) \end{aligned}$$

이므로 $X_u\times X_v=-r(R+r\cos u)(\cos u\cos v,\ \cos u\sin v,\ \sin u)$이다. 따라서 $\|X_u\times X_v\|=r(R+r\cos u)\neq 0$이므로 X는 좌표조각사상이다.

예제 5.29 (**포물면**, paraboloid) 포물면 $M_a=\{(x,\ y,\ z)\mid z=a(x^2+y^2)\}$은 Monge 곡면이다.

```
In[10]:= ParametricPlot3D[{u, v, u^2 + v^2}, {u, -1, 1}, {v, -1, 1}, AspectRatio → Automatic,
         Axes → None, Boxed → False]
```

Out[10]=

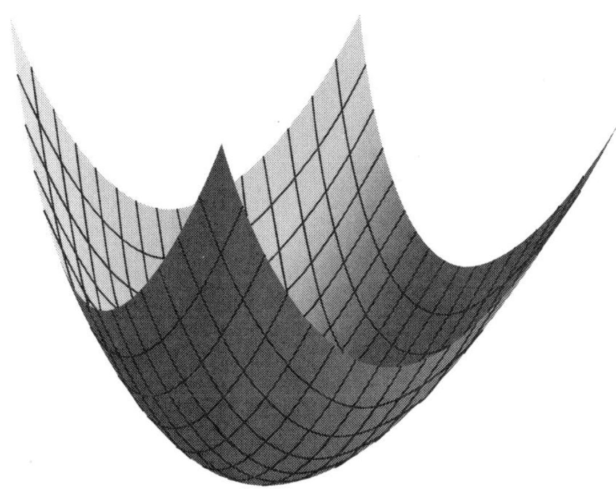

예제 5.30 (**안장곡면**, saddle surface) 곡면 $M=\{(x,\ y,\ z)\,|\,z=x^3-3xy^2\}$은 Monge 곡면이다.

```
In[8]:= ParametricPlot3D[{u, v, u^3 - 3 u v^2}, {u, -1.5, 1.5}, {v, -1.5, 1.5}, AspectRatio → Automatic,
        Axes → None, Boxed → False]
```

Out[8]=

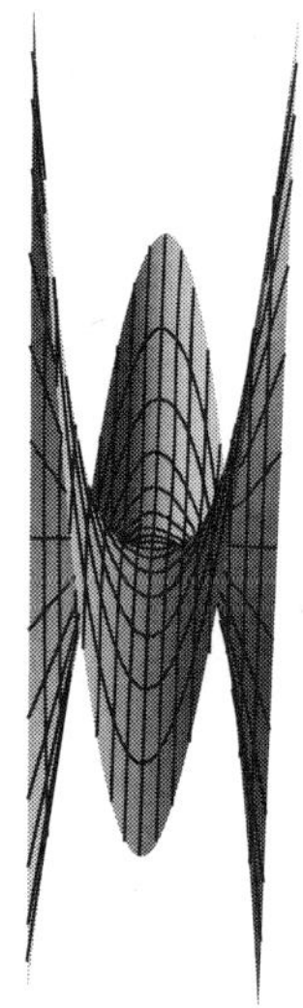

예제 5.31 (**현수면**, catenoid) 현수면의 좌표조각사상은

$$X(u,\ v)=\left(u,\ a\cosh\left(\frac{u}{a}\right)\cos v,\ a\cosh\left(\frac{u}{a}\right)\sin v\right),\quad (0<v<2\pi).$$

이다. 여기서 $a>0$인 상수이다. 더구나 $g(u)=u,\ h(u)=a\cosh\left(\frac{u}{a}\right)$이므로 회전면이다.

```
In[2]:= ParametricPlot3D[{u, 2 Cosh[u / 2] Cos[v], 2 Cosh[u / 2] Sin[v]}, {u, -2, 2}, {v, 0, 2 Pi},
        Boxed → False, Axes → None, AspectRatio → Automatic]
```

Out[2]=

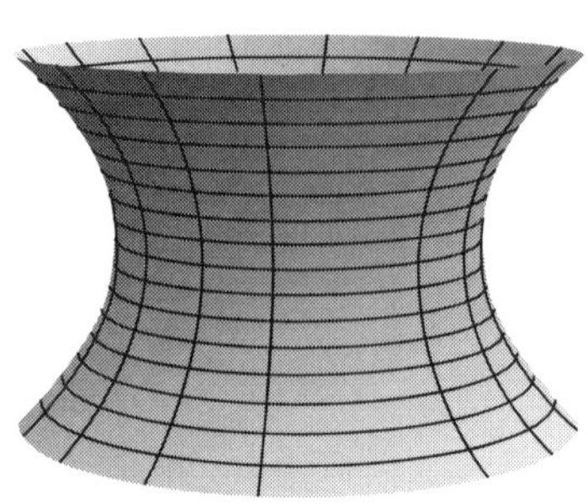

예제 5.32 (**나선면**, helicoid) 나선면의 좌표조각사상은

$$X(u,\ v) = (v\cos u,\ v\sin u,\ bu)$$

이다. 여기서 b는 양의 실수이다. 실제로 나선면은 선직면이다. 즉,

$$X(u,\ v) = (0,\ 0,\ bu) + v(\cos u,\ \sin u,\ 0)$$

이고 $\|X_u \times X_v\|^2 = b^2 + v^2 \neq 0$이다.

```
In[4]:= ParametricPlot3D[{2 v cos[u], 2 v Sin[u], u}, {u, 0, 2 Pi}, {v, -1, 1}, AspectRatio → Automatic,
        Axes → None, Boxed → False
```

Out[4]=

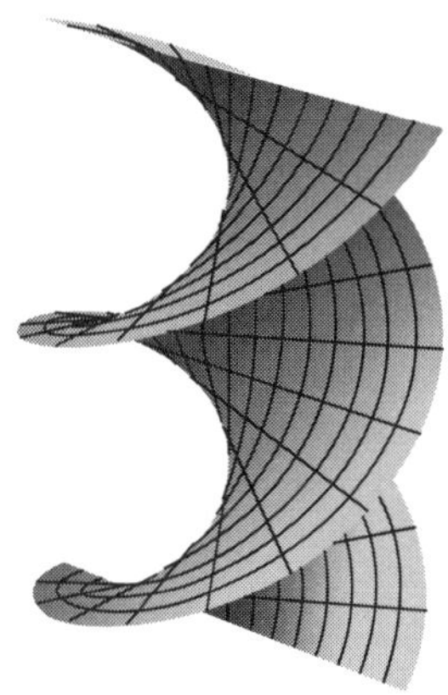

예제 5.33 (**쌍곡포물면**) 곡면 $M = \left\{(x,\ y,\ z) \mid z = \dfrac{x^2}{a^2} - \dfrac{y^2}{b^2}\right\}$은 선직면이다. 왜냐하면 곡면 M의 좌표조각사상은 $X(u,\ v) = (au,\ 0,\ u^2) + v(a,\ b,\ 2u)$으로 표현된다.

```
In[36]:= ParametricPlot3D[{u + v, v, u^2 + 2 u v}, {u, -1, 1}, {v, -1, 1}, AspectRatio → Automatic, Axes → None,
         Boxed → False]
```

Out[36]=

예제 5.34 (**쌍곡면**, hyperboloid) 곡면 $M = \left\{(x,\ y,\ z) \mid \dfrac{x^2}{a^2} + \dfrac{y^2}{b^2} - \dfrac{z^2}{c^2} = 1\right\}$은 선직면이다. 왜냐하면 M의 좌표조각사상은

$$X(u,\ v) = (a\cos u,\ b\sin u,\ 0) + v(-a\sin u,\ b\cos u,\ c)$$

으로 표현된다.

```
In[35]:= ParametricPlot3D[{Cos[u] - v Sin[u], Sin[u] + v Cos[u], v}, {u, 0, 2 Pi}, {v, -1, 1}, AspectRatio → Automatic,
         Axes → None, Boxed → False]
```

Out[35]=

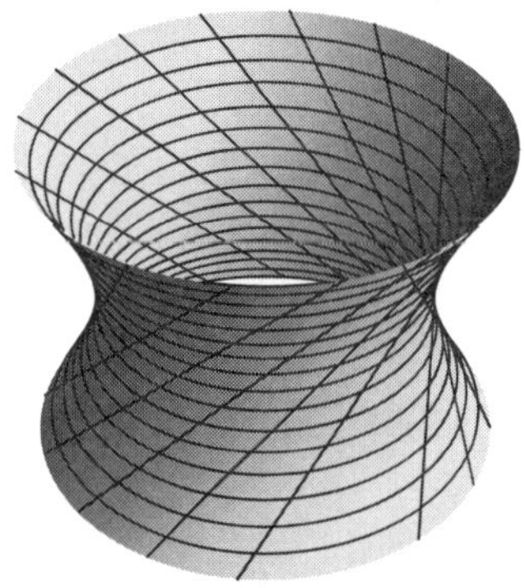

제5장 연습문제

01 선직면 $X(u, v)=\alpha(u)+v\gamma(u)$가 $\gamma' \neq 0$일 때, **비원기둥**(noncylindrical) **선직면**이라 한다. 비원기둥 선직면은 다음과 같이 표현될 수 있음을 증명하여라.

$$Y(s, t)=\sigma(s)+t\tilde{\gamma}(s), \quad \langle \sigma', \tilde{\gamma}' \rangle = 0, \quad \|\tilde{\gamma}\| = 1.$$

여기서 σ를 선직면 X의 **압축곡선**(striction curve)라 한다. 다음의 순서로 증명하자.

(i) 우선 $\tilde{\gamma}=\dfrac{\gamma}{\|\gamma\|}$, $\sigma(u)=\alpha(u)+f(u)\tilde{\gamma}(u)$, $f(u)=-\dfrac{\langle \alpha', \tilde{\gamma}' \rangle}{\langle \tilde{\gamma}', \tilde{\gamma}' \rangle}$라 두자.

(ii) $\|\tilde{\gamma}\|=1$이기 때문에 $\langle \tilde{\gamma}', \tilde{\gamma} \rangle = 0$이므로 $\langle \sigma', \tilde{\gamma}' \rangle = 0$ 이다.

(iii) 따라서 $s=u$, $t=v\|\gamma(u)\|-f(u)$로 두면 $X(u, v)=Y(s, t)$이다.

02 예제 5.32, 예제 5.33, 예제 5.34에서의 곡선이 비원기둥 선직면임을 보이고 압축곡선을 찾아라.

03 정리 5.25를 증명하여라.

04 구면(sphere), 원환면(torus), 원기둥(cylinder)은 회전면임을 증명하여라.

05 다음 곡면의 주어진 점에서의 접평면의 방정식을 구하여라.

(1) $M=\{(x, y, z) \mid x^2+(y-2)^2+(z+1)^2=1\}$, $p=(0, 2, 0)$

(2) $M: X(u, v)=(u+v, u-v, 4uv)$, $p=X(0, 1)$

제6장

곡면의 기본형식

DIFFERENTIAL GEOMETRY

6.1 제1기본형식

좌표조각사상 $X: U \to R^3$ 위의 정칙곡선 $\alpha : (a, b) \to X(U)$의 속도벡터 $\alpha'(t)$는

$$\alpha'(t) = u'(t)X_u + v'(t)X_v$$

이고 속력 $\|\alpha'(t)\|$은

$$\|\alpha'(t)\|^2 = \langle X_u, X_u \rangle u'(t)^2 + 2\langle X_u, X_v \rangle u'(t)v'(t) + \langle X_v, X_v \rangle v'(t)^2$$

이다. 따라서 호길이 함수 s는

$$s(t) = \int_a^t \sqrt{\|X_u\|^2 \left(\frac{du}{dt}\right)^2 + 2\langle X_u, X_v \rangle \left(\frac{du}{dt}\right)\left(\frac{dv}{dt}\right) + \|X_v\|^2 \left(\frac{dv}{dt}\right)^2}\, dt$$

으로 주어진다. 그러므로 호길이 함수 s의 미분 ds는

$$ds^2 = \langle X_u, X_u \rangle du^2 + 2\langle X_u, X_v \rangle dudv + \langle X_v, X_v \rangle dv^2$$

을 만족한다.

정의 6.1

정칙곡면 M의 좌표조각사상 $X: U \to M \subset R^3$에 대하여

$$E = \langle X_u, X_u \rangle, \quad F = \langle X_u, X_v \rangle, \quad G = \langle X_v, X_v \rangle$$

라고 두면, 호길이 함수 s는 다음 등식

$$ds^2 = E\,du^2 + 2F\,du\,dv + G\,dv^2$$

을 만족한다. 이때 ds^2을 X의 **제1기본형식**(the first fundamental form)이라 하고 $\{E, F, G\}$를 제1기본형식 ds^2의 **계수**(coefficient)라고 한다.

참고 제1기본형식을 리만계량(Riemannian metric)이라고도 하며 $I = ds^2$ 으로도 표현한다.

예제 6.2 예제 5.8에서 구면 $S^2(r)$의 좌표조각사상 X는

$$X(u,\ v) = (r\cos v \cos u,\ r\cos v \sin u,\ r\sin v)$$

이다. 그러므로

$$X_u = (-r\cos v \sin u,\ r\cos v \cos u,\ 0),$$
$$X_v = (-r\sin v \cos u,\ -r\sin v \sin u,\ r\cos v)$$

이고 제1기본형식의 계수는

$$E = \langle X_u,\ X_u \rangle = r^2\cos^2 v, \quad F = \langle X_u,\ X_v \rangle = 0, \quad G = \langle X_v,\ X_v \rangle = r^2$$

이므로 제1기본형식은 $ds^2 = r^2\cos^2 v\, du^2 + r^2\, dv^2$이다.

참고 좌표조각사상 $X: U \to X(U) \subset R^3$상의 임의의 접벡터장 $V \in TX$에 대하여 $du: T_pX \to R$를

$$du(V_p) = V_p[u \circ X^{-1}] \tag{6.1}$$

로 정의한다. 그러면 $du(X_u) = dv(X_v) = 1,\ dv(X_u) = du(X_v) = 0$임을 알 수 있다. 실제로, 만약 $f \equiv u \circ X^{-1}: X(U) \to R$라 두면

$$du(X_u) = X_u[f] = \frac{d}{du} f(X(u,\ v_0)) = 1 \tag{6.2}$$

이다. 유사하게 다른 등식도 증명할 수 있다. 더구나 du^2을 함수로 생각하여 $du^2(V,\ W) = du(V)du(W)$로 정의하자. 유사하게 $du\,dv(V,\ W) = du(V)dv(W)$로 정의하자. 그러면 $ds^2: T_pX \times T_pX \to R$인 함수로 생각할 수 있고, 이 경우

$$ds^2 = Edu^2 + Fdu\,dv + Fdv\,du + Gdv^2$$

으로 생각한다. 그러면 정리 6.3을 얻을 수 있다.

정리 6.3

> 좌표조각사상 $X: U \to R^3$의 임의의 접벡터장 V, W에 대하여
>
> $$ds^2(V, W) = \langle V, W \rangle$$
>
> 가 성립한다.

증명 $\{X_u, X_v\}$가 기저이기 때문에 임의의 벡터 V, W는 임의의 함수 a, b, c, d에 관하여

$$V = aX_u + bX_v, \quad W = cX_u + dX_v$$

로 표현할 수 있다. 따라서

$$\begin{aligned} ds^2(V, W) &= Edu(V)du(W) + Fdu(V)dv(W) + Fdv(V)du(W) + Gdv(V)dv(W) \\ &= acE + (ad + bc)F + bd\,G \\ &= \langle V, W \rangle \end{aligned}$$

가 성립한다. □

예제 6.4 정칙곡면이 평면일 때, 즉 $M = R^2$일 때, 제1기본형식 ds는

$$ds^2 = du^2 + dv^2 = dr^2 + r^2 d\theta^2$$

이다. 여기서 (u, v)는 직교좌표이고, (r, θ)는 극좌표(polar coordinate)이다.

풀이 곡면 $M = R^2$의 좌표조각사상 $X: U(= R^2) \to R^3$는 $X(u, v) = (u, v, 0)$로 표현된다. 그러므로 $E = 1$, $F = 0$, $G = 1$이고

$$ds^2 = du^2 + dv^2$$

이다. 더구나, 극좌표 (r, θ)와 직교좌표 (u, v)의 관계는 $\begin{cases} u = r\cos\theta \\ v = r\sin\theta \end{cases}$이므로,

$$du = \frac{\partial u}{\partial r}dr + \frac{\partial u}{\partial \theta}d\theta, \quad dv = \frac{\partial v}{\partial r}dr + \frac{\partial v}{\partial \theta}d\theta$$

이고, $du = \cos\theta\, dr - r\sin\theta d\theta$, $dv = \sin\theta\, dr + r\cos\theta\, d\theta$이다. 따라서

$$ds^2 = du^2 + dv^2 = dr^2 + r^2 d\theta^2$$

이다.

6.2 곡면의 면적

정칙곡면 M의 좌표조각사상을 $X: \Omega \rightarrow X(\Omega) = M$라 하자. 여기서 $\Omega \subset R^2$는 닫힌영역이다.

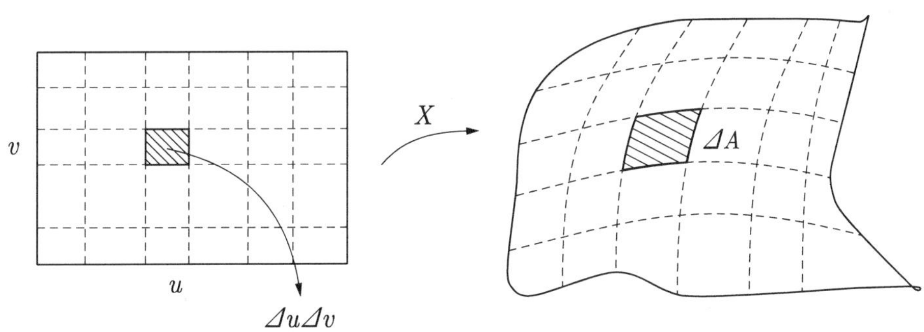

$$\Delta X_u := X(u_0 + \Delta u,\ v_0) - X(u_0,\ v_0) = X_u \Delta u$$

$$\Delta X_v := X(u_0,\ v_0 + \Delta v) - X(u_0,\ v_0) = X_v \Delta v$$

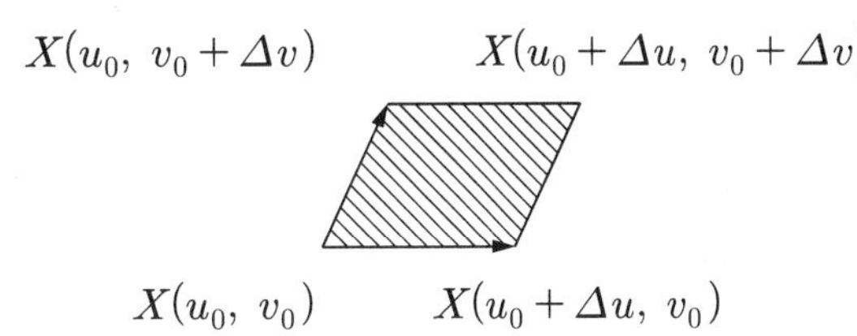

라 두면, 면적 ΔA는

$$\Delta A = \| \Delta X_u \times \Delta X_v \| = \| X_u \Delta u \times X_v \Delta v \| = \| X_u \times X_v \| \Delta u \, \Delta v$$

이다. 따라서 면적요소(area element) $dA = \lim_{\Delta u \to 0,\ \Delta v \to 0} \Delta A$로 정의하면

$$dA = \| X_u \times X_v \| dudv$$

가 성립한다. 따라서 다음 정의를 얻는다.

정의 6.5

좌표조각사상 $X: \Omega \to M$의 **표면적**(area) $A(X)$는

$$A(X) = \iint_{\Omega} \| X_u \times X_v \| \, du \, dv$$

로 정의된다.

참고 R^2상에서의 면적요소 dA를 벡터로 표현하면

$$dA = \| du \times dv \| = r \| dr \times d\theta \|$$

으로 나타낼 수 있다. 여기서 du, dv, dr, $d\theta$는 벡터로 생각한다.

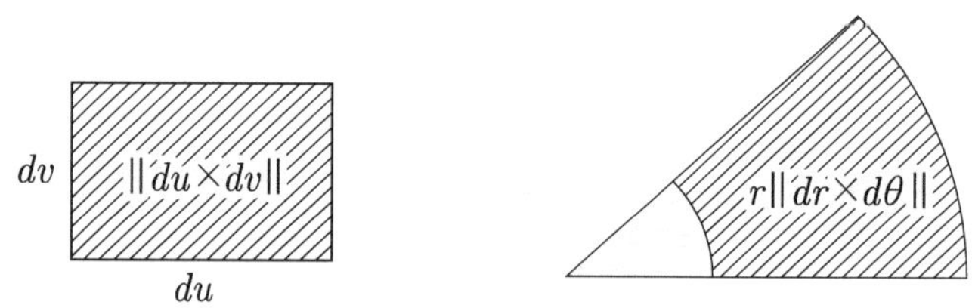

정리 6.6

면적공식은 좌표조각사상의 선택에 독립적이다. 즉, 단순곡면 M의 두 조각사상 $X: U \to M$, $Y: \widetilde{U} \to M$에 대해, $A(X) = A(Y)$이다.

증명 좌표조각사상 X와 Y 사이의 좌표변환을 $X(u, v) = Y(\bar{u}, \bar{v})$라 하면

$$X_u = Y_{\bar{u}} \frac{\partial \bar{u}}{\partial u} + Y_{\bar{v}} \frac{\partial \bar{v}}{\partial u}, \quad X_v = Y_{\bar{u}} \frac{\partial \bar{u}}{\partial v} + Y_{\bar{v}} \frac{\partial \bar{v}}{\partial v}$$

이다. 따라서, 직접 계산에 의해서

$$X_u \times X_v = \begin{vmatrix} \dfrac{\partial \bar{u}}{\partial u} & \dfrac{\partial \bar{u}}{\partial v} \\ \dfrac{\partial \bar{v}}{\partial u} & \dfrac{\partial \bar{v}}{\partial v} \end{vmatrix} Y_{\bar{u}} \times Y_{\bar{v}}$$

이 성립한다. 한편, $du = \dfrac{\partial u}{\partial \bar{u}} d\bar{u} + \dfrac{\partial u}{\partial \bar{v}} d\bar{v}$, $dv = \dfrac{\partial v}{\partial \bar{u}} d\bar{u} + \dfrac{\partial v}{\partial \bar{v}} d\bar{v}$이므로, du, dv, $d\bar{u}$, $d\bar{v}$를 벡터로 보면

$$du \times dv = \begin{vmatrix} \dfrac{\partial u}{\partial \bar{u}} & \dfrac{\partial u}{\partial \bar{v}} \\ \dfrac{\partial v}{\partial \bar{u}} & \dfrac{\partial v}{\partial \bar{v}} \end{vmatrix} d\bar{u} \times d\bar{v}$$

이다. 한편 $du\,dv = \| du \times dv \|$이기 때문에

$$\begin{aligned} \iint_U \| X_u \times X_v \| dudv &= \iint_U \| Y_{\bar{u}} \times Y_{\bar{v}} \| \left| \frac{\partial \bar{u}}{\partial u} \frac{\partial \bar{v}}{\partial v} - \frac{\partial \bar{u}}{\partial v} \frac{\partial \bar{v}}{\partial u} \right| dudv \\ &= \iint_{\widetilde{U}} \| Y_{\bar{u}} \times Y_{\bar{v}} \| d\bar{u}\, d\bar{v}. \end{aligned}$$

이 성립한다. □

예제 6.7 반지름 r인 구면 $S^2(r)$의 표면적을 구하여라.

풀이 구면(예제 5.8)의 좌표조각사상 $X: (0,\ 2\pi) \times \left(-\dfrac{\pi}{2},\ \dfrac{\pi}{2}\right) \to S^2$는

$$X(u,\ v) = (r\cos v \cos u,\ r\cos v \sin u,\ r\sin v)$$

이므로 $\| X_u \times X_v \| = r^2 \cos v$이다. 그러므로 표면적은

$$A(S^2(r)) = \int_{-\frac{\pi}{2}}^{\frac{\pi}{2}} \int_0^{2\pi} r^2 \cos v\, dudv = 2\pi r^2 \int_{-\frac{\pi}{2}}^{\frac{\pi}{2}} \cos v\, dv = 4\pi r^2$$

으로 된다.

예제 6.8 원기둥 $M = \{(x,\ y,\ z) \mid x^2 + y^2 = r^2,\ 0 < z < 1\}$의 표면적을 구하여라.

풀이 예제 5.27로부터 좌표조각사상은 $X(u,\ v) = (r\cos u,\ r\sin u,\ v)$이다. 따라서 $X_u = (-r\sin u,\ r\cos u,\ 0)$, $X_v = (0,\ 0,\ 1)$이고 $E = r^2$, $F = 0$, $G = 1$이다. 그러므로 $\| X_u \times X_v \| = \sqrt{EG - F^2} = r$이므로, 표면적은 $A = \displaystyle\int_0^1 \int_0^{2\pi} r\, du\, dv = 2\pi r$ 이다.

예제 6.9 원환면(torus)의 표면적을 구하여라.

❙ 풀이 예제 5.28로부터 원환면의 좌표조각사상은

$$X(u,\ v) = ((R + r\cos u)\cos v,\ (R + r\cos u)\sin v,\ r\sin u), \quad (0 < u,\ v < 2\pi)$$

이고

$$X_u = (-r\sin u\cos v,\ -r\sin u\sin v,\ r\cos u),$$
$$X_v = (-(R + r\cos u)\sin v,\ (R + r\cos u)\cos v,\ 0)$$

이므로

$$E = r^2, \quad F = 0, \quad G = (R + r\cos u)^2$$

이다. 그러므로 표면적은

$$A = \int_0^{2\pi}\int_0^{2\pi}\sqrt{EG - F^2}\,du\,dv = \int_0^{2\pi}\int_0^{2\pi} r(R + r\cos u)\,du\,dv = 4\pi^2 rR$$

가 된다.

예제 6.10 나선면(helicoid)의 표면적을 구하여라.

❙ 풀이 예제 5.32로부터 나선면의 좌표조각사상은

$$X(u,\ v) = (av\cos u,\ av\sin u,\ bu)$$

이다. 더구나 $X_u = (-av\sin u,\ av\cos u,\ b)$, $X_v = (a\cos u,\ a\sin u,\ 0)$이므로

$$E = a^2v^2 + b^2, \quad F = 0, \quad G = a^2$$

이다. 그러므로 표면적은 $-1 < v < 1$일 때,

$$A = \int_0^{2\pi}\int_{-1}^{1}\sqrt{EG - F^2}\,du\,dv = \int_0^{2\pi}\int_{-1}^{1} a\sqrt{b^2 + a^2v^2}\,du\,dv$$
$$= 2\pi\left\{a\sqrt{a^2 + b^2} + b^2\ln\left(\frac{\sqrt{a^2 + b^2} + a}{b}\right)\right\}$$

가 된다.

6.3 제2기본형식

정의 6.11

좌표조각사상 $X: U \to R^3$에 대하여,

$$e = \langle X_{uu}, \boldsymbol{n} \rangle, \quad f = \langle X_{uv}, \boldsymbol{n} \rangle, \quad g = \langle X_{vv}, \boldsymbol{n} \rangle$$

로 둘 때, $\{e, f, g\}$를 X의 **제2기본형식의 계수**(coefficients of the second fundamental form)라 하고

$$II = edu^2 + 2fdudv + gdv^2$$

를 **제2기본형식**(the second fundamental form)이라 한다.

예제 6.12 예제 5.8의 구면 $S^2(r)$에서 좌표조각사상은

$$X(u, v) = (r\cos v \cos u, \ r\cos v \sin u, \ r\sin v)$$

이다. 따라서

$$\begin{aligned} X_u &= (-r\cos v \sin u, \ r\cos v \cos u, \ 0), \\ X_v &= (-r\sin v \cos u, \ -r\sin v \sin u, \ r\cos v), \\ X_{uu} &= (-r\cos v \cos u, \ -r\cos v \sin u, \ 0), \\ X_{uv} &= (r\sin v \sin u, \ -r\sin v \cos u, \ 0), \\ X_{vv} &= (-r\cos v \cos u, \ -r\cos v \sin u, \ -r\sin v) \end{aligned}$$

이므로 $X_u \times X_v = r^2\cos v(\cos v \cos u, \ \cos v \sin u, \ \sin v)$이다. 그러므로 법벡터는

$$\boldsymbol{n} = (\cos v \cos u, \ \cos v \sin u, \ \sin v) = \frac{X}{r}$$

이 된다. 또한 제2기본형식의 계수는

$$e = \langle \boldsymbol{n}, X_{uu} \rangle = -r\cos^2 v, \ f = 0, \ g = \langle \boldsymbol{n}, X_{vv} \rangle = -r$$

이고 제2기본형식은 $II = -r\cos^2 v \, du^2 - rdv^2$이다.

정리 6.13

> 좌표조각사상 $X: U \to R^3$에 대하여, 제2기본형식의 계수는
>
> $$e = -\langle X_u,\ n_u \rangle,$$
> $$f = -\langle X_u,\ n_v \rangle = -\langle X_v,\ n_u \rangle,$$
> $$g = -\langle X_v,\ n_v \rangle$$
>
> 가 된다.

증명 기저 $\{X_u,\ X_v\}$가 접벡터이기 때문에 $\langle X_u,\ n \rangle = \langle X_v,\ n \rangle = 0$이므로 정의 6.11으로부터 얻어진다. □

예제 6.14 원환면(예제 5.28, 예제 6.9)의 좌표조각사상은

$$X(u,\ v) = ((R + r\cos u)\cos v,\ (R + r\cos u)\sin v,\ r\sin u)$$

이므로

$$X_u = (-r\sin u\cos v,\ -r\sin u\sin v,\ r\cos u),$$
$$X_v = (-(R + r\cos u)\sin v,\ (R + r\cos u)\cos v,\ 0)$$

이고 $n = -(\cos u\cos v,\ \cos u\sin v,\ \sin u)$이다. 따라서

$$n_u = (\sin u\cos v,\ \sin u\sin v,\ \cos u),$$
$$n_v = (\cos u\sin v,\ -\cos u\cos v,\ 0)$$

이다. 그러므로 제2기본형식의 계수는

$$e = r, \quad f = 0, \quad g = (R + r\cos u)\cos u$$

이고 제2기본형식은 $II = rdu^2 + (R + r\cos u)dv^2$이다.

예제 6.15 나선면(helicoid) (예제 5.32, 예제 6.10)의 좌표조각사상은

$$X(u,\ v) = (av\cos u,\ av\sin u,\ bu)$$

이다. 따라서 $X_u = (-v\sin u,\ v\cos u,\ b)$, $X_v = (\cos u,\ \sin u,\ 0)$이므로

$$\begin{aligned} X_{uu} &= (-v\cos u,\ -v\sin u,\ 0), \\ X_{uv} &= (-\sin u,\ \cos u,\ 0), \\ X_{vv} &= (0,\ 0,\ 0), \\ X_u \times X_v &= (-b\sin u,\ b\cos u,\ -v) \end{aligned}$$

이고 $n = \dfrac{1}{\sqrt{b^2+v^2}}(-b\sin u,\ b\cos u,\ -v)$이다. 그러므로

$$E = a^2v^2 + b^2,\ \ F = 0,\ \ G = a^2,\ \ e = g = 0,\ \ f = \frac{b}{\sqrt{b^2+v^2}}$$

이고 $I = (a^2v^2+b^2)du^2 + a^2dv^2$, $II = \dfrac{2b}{\sqrt{b^2+v^2}}dudv$이다.

예제 6.16 현수면(catenoid) (예제 5.31)의 좌표조각사상은

$$X(u,\ v) = \left(u,\ a\cosh\left(\frac{u}{a}\right)\cos v,\ a\cosh\left(\frac{u}{a}\right)\sin v\right),\quad (0 < v < 2\pi)$$

이다. 여기서 $a > 0$인 상수이다. 그러므로

$$\begin{aligned} X_u &= \left(1,\ \sinh\left(\frac{u}{a}\right)\cos v,\ \sinh\left(\frac{u}{a}\right)\sin v\right), \\ X_v &= \left(0,\ -a\cosh\left(\frac{u}{a}\right)\sin v,\ a\cosh\left(\frac{u}{a}\right)\cos v\right), \\ X_{uu} &= \left(0,\ \frac{1}{a}\cosh\left(\frac{u}{a}\right)\cos v,\ \frac{1}{a}\cosh\left(\frac{u}{a}\right)\sin v\right), \\ X_{uv} &= \left(0,\ -\sinh\left(\frac{u}{a}\right)\sin v,\ \sinh\left(\frac{u}{a}\right)\cos v\right), \\ X_{vv} &= \left(0,\ -a\cosh\left(\frac{u}{a}\right)\cos v,\ -a\cosh\left(\frac{u}{a}\right)\sin v\right) \end{aligned}$$

이고

$$X_u \times X_v = \left(a\sinh\left(\frac{u}{a}\right)\cosh\left(\frac{u}{a}\right),\ -a\cosh\left(\frac{u}{a}\right)\cos v,\ -a\cosh\left(\frac{u}{a}\right)\sin v\right)$$

이다. 따라서 법벡터 n은

$$\boldsymbol{n} = \frac{1}{\cosh\left(\frac{u}{a}\right)}\left(\sinh\left(\frac{u}{a}\right),\ -\cos v,\ -\sin v\right)$$

이다. 따라서 제1기본형식, 제2기본형식의 계수는

$$E = \cosh^2\left(\frac{u}{a}\right), \quad F = 0, \quad G = a^2\cosh^2\left(\frac{u}{a}\right), \quad e = -\frac{1}{a}, \quad f = 0, \quad g = a$$

이고 $I = \cosh^2\left(\frac{u}{a}\right)du^2 + a^2\cosh^2\left(\frac{u}{a}\right)dv^2$, $II = -\frac{1}{a}du^2 + adv^2$이다.

제6장 연습문제

01 Monge 곡면 $X(u, v) = (u, v, f(u, v))$의 제1기본형식과 제2기본형식을 구하여라.

02 정리 5.25에서 주어진 회전면의 제1기본형식과 제2기본형식을 구하여라.

03 선직면의 제1기본형식과 제2기본형식을 구하여라.

04 곡선 $\alpha(t) = (t, e^{-t}, 0)$ $(0 \le t \le 1)$을 x축을 기준으로 회전하여 생성되는 회전면의 면적을 구하여라.

05 정칙곡면 M상에서 정의된 미분가능한 함수 $f : M \to R$에 대한 **기울기벡터장**(gradient vector field) ∇f는

$$\langle \nabla f(p), v \rangle = df_p(v), \; v \in T_pM$$

을 만족하는 M상의 접벡터장(tangent vector field)이다. 여기서 $df_p : T_pM \to R$는 미분사상이다. 이때, 좌표조각사상 $X : U \to R^3$에 대해 미분가능함수 $f : X(U) \to R$의 기울기벡터장은

$$\nabla f = \frac{1}{EG - F^2}\{(f_u G - f_v F)X_u + (f_v E - f_u F)X_v\}$$

임을 증명하여라. 여기서 $f_u = \dfrac{\partial (f \circ X)}{\partial u}$이다.

06 정칙곡면 M상에서 정의된 미분가능한 함수 $f : M \to R$에 대하여 임의의 점 $p \in M$에서의 단위벡터 v_p로의 방향미분계수 $v_p[f] = df_p(v_p)$가 최대일 필요충분조건은 $\nabla f(p)$ 방향임을 증명하여라. (제2장 연습문제 참조).

제7장

곡면의 곡률

DIFFERENTIAL GEOMETRY

7.1 모양연산자

정칙곡면 M상의 임의의 점 $p \in M$에서의 접벡터 v_p방향으로의 공변미분 $\nabla_{v_p}\boldsymbol{n}$은 정리 2.18 (4)로부터 $\langle \nabla_{v_p}\boldsymbol{n}, \boldsymbol{n} \rangle = 0$이다. 즉, $\nabla_{v_p}\boldsymbol{n} \in T_pM$ 이다.

정의 7.1

정칙곡면 M상의 임의의 점 $p \in M$에 대하여 연산자 $S_p : T_pM \to T_pM$는

$$S_p(v_p) = -\nabla_{v_p}\boldsymbol{n}$$

으로 정의하고 M의 **모양연산자**(shape operator)라 한다.

참고 모양연산자 S_p의 표현에 혼동의 염려가 없는 경우 S로 표현한다.

정리 7.2

좌표조각사상 $X : U \to R^3$에 대하여

$$S(X_u) = -\boldsymbol{n}_u, \quad S(X_v) = -\boldsymbol{n}_v$$

가 성립한다. 여기서 $\boldsymbol{n}_u = \dfrac{\partial(\boldsymbol{n} \circ X)}{\partial u}$이다.

증명 일반적으로 임의의 곡선 $\alpha : (a, b) \to R^3$상에서의 벡터장 V의 공변미분은 예제 2.17에 의해

$$\nabla_{\alpha'(t)} V = (V \circ \alpha)'(t)$$

이다. 지금 $\alpha(u) = X(u, v_0)$를 u-곡선이라 하면 $\alpha'(u_0) = X_u(u_0, v_0)$이다. 따라서

$$\begin{aligned} S(X_u) = S(\alpha'(u_0)) &= -\nabla_{\alpha'(u_0)}\boldsymbol{n} \\ &= -\frac{d}{du}(\boldsymbol{n} \circ \alpha)|_{u=u_0} \end{aligned}$$

$$= -\boldsymbol{n}_u$$

이다. 다른 등식도 유사하게 증명된다. □

정리 7.3

> 정칙곡면 M상의 모양연산자 S는 선형사상(linear map)이고, 대칭사상(symmetric map)이다.

증명 임의의 접벡터 $v_p,\ w_p \in T_pM$에 대하여

$$S(av_p + bw_p) = -\nabla_{av_p + bw_p}\boldsymbol{n} = -a\nabla_{v_p}\boldsymbol{n} - b\nabla_{w_p}\boldsymbol{n} = aS(v_p) + bS(w_p)$$

이므로 S는 선형사상이다. 한편 대칭성에 대한 증명을 위하여

$$\langle S(v_p),\ w_p \rangle = \langle v_p,\ S(w_p) \rangle \tag{7.1}$$

임을 보이자. 먼저 곡면 M의 좌표조각사상을 X라 할 때 $\{X_u,\ X_v\}$에 대해서

$$\langle S(X_u),\ X_v \rangle = \langle X_u,\ S(X_v) \rangle$$

임을 증명하자. 실제로, $\langle \boldsymbol{n},\ X_u \rangle = \langle \boldsymbol{n},\ X_v \rangle = 0$이기 때문에

$$\begin{aligned}
\langle S(X_u),\ X_v \rangle &= -\langle \boldsymbol{n}_u,\ X_v \rangle \\
&= -\frac{\partial}{\partial u}\langle \boldsymbol{n},\ X_v \rangle + \langle \boldsymbol{n},\ X_{vu} \rangle \\
&= \frac{\partial}{\partial v}\langle \boldsymbol{n},\ X_u \rangle - \langle \boldsymbol{n}_v,\ X_u \rangle \\
&= \langle S(X_v),\ X_u \rangle
\end{aligned}$$

이다. 따라서 $\{X_u,\ X_v\}$가 기저(basis)이고 S가 선형사상이라는 사실로부터 (7.1)이 증명된다. □

예제 7.4 평면 $M=R^2$에 대한 좌표조각사상은 $X(u, v)=(u, v, 0)$이고, $\boldsymbol{n}=(0, 0, 1)$이다. 따라서 $S\equiv 0$ 이다. 즉, $S(v_p)=-\nabla_{v_p}(0, 0, 1)=0$이다.

예제 7.5 구면 $S^2(r)$에 대한 모양연산자를 구하여라.

▌풀이 (i) 구면 $S^2(r)$의 좌표조각사상은

$$X(u, v)=(r\cos v\cos u, r\cos v\sin u, r\sin v)$$

이고, 예제 6.12로부터 법벡터는

$$\boldsymbol{n}=\frac{X_u\times X_v}{\|X_u\times X_v\|}=\frac{X}{r}$$

이므로 모양연산자는

$$S(X_u)=-\boldsymbol{n}_u=-\frac{1}{r}X_u,$$
$$S(X_v)=-\boldsymbol{n}_v=-\frac{1}{r}X_v$$

가 된다. 그러므로 임의의 접벡터 $v_p=aX_u+bX_v$에 대하여

$$S(v_p)=aS(X_u)+bS(X_v)=-\frac{1}{r}(aX_u+bX_v)=-\frac{1}{r}v_p$$

이다. 즉 $S=-\frac{1}{r}\mathrm{id}.$이다.

(ii) 구면 $S^2(r)=\{\mathrm{x}=(x, y, z)\mid x^2+y^2+z^2=r^2\}$의 법벡터장은

$$\boldsymbol{n}=\frac{\nabla g}{\|\nabla g\|}=\left(\frac{x}{r}, \frac{y}{r}, \frac{z}{r}\right)=\frac{\mathrm{x}}{r}$$

이고, $v_p=(v_1, v_2, v_3)$일 때, $v_p[x]=v_1$, $v_p[y]=v_2$, $v_p[z]=v_3$이다. 따라서

$$S(v_p)=-\nabla_{v_p}\boldsymbol{n}=-\frac{1}{r}(v_p[x], v_p[y], v_p[z])=-\frac{1}{r}v_p$$

이다.

예제 7.6 원기둥 $M=\{(x,\ y,\ z) \mid x^2+y^2=r^2\}$ 의 좌표조각사상은

$$X(u,\ v)=(r\cos u,\ r\sin u,\ bv)$$

이므로 $X_u=(-r\sin u,\ r\cos u,\ 0)$, $X_v=(0,\ 0,\ b)$이다. 따라서

$$X_u \times X_v = br(\cos u,\ \sin u,\ 0),$$
$$\boldsymbol{n}=(\cos u,\ \sin u,\ 0)=\left(\frac{x}{r},\ \frac{y}{r},\ 0\right)$$

이다. 따라서 모양연산자는

$$S(X_u)=-\frac{1}{r}X_u, \quad S(X_v)=0$$

가 된다. 한편 임의의 벡터 $v_p=(v_1,\ v_2,\ v_3)$에 대하여

$$S(v_p)=-\nabla_{v_p}\boldsymbol{n}=-\frac{1}{r}(v_p[x],\ v_p[y],\ 0)=-\frac{1}{r}(v_1,\ v_2,\ 0)$$

이다. 따라서 $w=(w_1,\ w_2,\ 0)$, $\widetilde{w}=(0,\ 0,\ w_3)$에 대하여

$$S(w)=-\frac{1}{r}w, \quad S(\widetilde{w})=0$$

가 성립한다.

정리 7.7

좌표조각사상 $X:\ U \to R^3$가 주어질 때

$$e=\langle S(X_u),\ X_u\rangle, \quad f=\langle S(X_u),\ X_v\rangle, \quad g=\langle S(X_v),\ X_v\rangle$$

이 성립한다.

증명 곡면상의 모양연산자의 정의에 의해

$$\langle S(X_u),\ X_u\rangle=-\langle \nabla_{X_u}\boldsymbol{n},\ X_u\rangle=\langle \boldsymbol{n},\ X_{uu}\rangle=e$$

이다. 다른 등식도 유사하게 증명된다. □

정리 7.8

(Weingarten **등식**) 좌표조각사상 $X: U \to R^3$의 모양연산자 S는

$$\begin{pmatrix} S(X_u) \\ S(X_v) \end{pmatrix} = \frac{1}{EG-F^2}\begin{pmatrix} eG-fF & fE-eF \\ fG-gF & gE-fF \end{pmatrix}\begin{pmatrix} X_u \\ X_v \end{pmatrix}$$

을 만족한다.

증명 $\{X_u, X_v\}$ 기저이기 때문에 $S(X_u)$, $S(X_v)$는 어떤 함수 a, b, c, d에 의해

$$S(X_u) = aX_u + bX_v,$$
$$S(X_v) = cX_u + dX_v$$

로 표현할 수 있다. 따라서 위의 등식으로부터 X_u와 X_v를 내적을 취하고 정리 7.7로부터

$$e = aE + bF, \quad f = aF + bG$$
$$f = cE + dF, \quad g = cF + dG$$

이다. 이것을 행렬방정식으로 표현하면

$$\begin{pmatrix} e & f \\ f & g \end{pmatrix} = \begin{pmatrix} a & b \\ c & d \end{pmatrix}\begin{pmatrix} E & F \\ F & G \end{pmatrix}$$

이 된다. 그러므로 해는

$$\begin{pmatrix} a & b \\ c & d \end{pmatrix} = \begin{pmatrix} e & f \\ f & g \end{pmatrix}\begin{pmatrix} E & F \\ F & G \end{pmatrix}^{-1} = \frac{1}{EG-F^2}\begin{pmatrix} e & f \\ f & g \end{pmatrix}\begin{pmatrix} G & -F \\ -F & E \end{pmatrix}$$

이다. □

문제 7.9 좌표조각사상 $X: U \to R^3$상에서의 제2기본형식 II는

$$II(v_p, w_p) = \langle S(v_p), w_p \rangle$$

을 만족함을 증명하여라.

예제 7.10 구면 $S^2(r)$의 모양연산자를 정리 7.8을 이용하여 구하여라. 그리고 예제 7.5와 비교하여라.

풀이 구면의 좌표조각사상 X는

$$X(u,\ v) = (r\cos v\cos u,\ r\cos v\sin u,\ r\sin v)$$

이므로 예제 6.2와 예제 6.12로부터

$$E = r^2\cos^2 v,\ \ F = 0,\ \ G = r^2$$
$$e = -r\cos^2 v,\ \ f = 0,\ \ g = -r$$

이다. 따라서 정리 7.8로부터

$$S(X_u) = \frac{e}{E}X_u = -\frac{1}{r}X_u,$$
$$S(X_v) = \frac{g}{G}X_v = -\frac{1}{r}X_v$$

를 얻는다. 즉,

$$\begin{pmatrix} S(X_u) \\ S(X_v) \end{pmatrix} = \begin{pmatrix} -\frac{1}{r} & 0 \\ 0 & -\frac{1}{r} \end{pmatrix} \begin{pmatrix} X_u \\ X_v \end{pmatrix}$$

이다.

예제 7.11 원기둥의 모양연산자 S를 정리 7.8을 이용하여 구하여라. 그리고 예제 7.6과 비교하여라.

풀이 원기둥의 좌표조각사상은 $X(u,\ v) = (r\cos u,\ r\sin u,\ v)$이다. 그러므로

$$X_u = (-r\sin u,\ r\cos u,\ 0),\quad X_v = (0,\ 0,\ 1),$$
$$X_{uu} = (-r\cos u,\ -r\sin u,\ 0),\quad X_{uv} = (0,\ 0,\ 0),\quad X_{vv} = (0,\ 0,\ 0),$$
$$\boldsymbol{n} = \frac{X_u \times X_v}{\|X_u \times X_v\|} = (\cos u,\ \sin u,\ 0)$$

이다. 그러므로 $E=r^2$, $F=0$, $G=1$, $e=-r$, $f=0$, $g=0$이다. 따라서

$$\begin{pmatrix} S(X_u) \\ S(X_v) \end{pmatrix} = \begin{pmatrix} -\frac{1}{r} & 0 \\ 0 & 0 \end{pmatrix} \begin{pmatrix} X_u \\ X_v \end{pmatrix}$$

가 얻어진다.

예제 7.12 원환면(torus)의 모양연산자 S를 구하여라.

| 풀이 원환면의 좌표조각사상은

$$X(u, v) = ((R + r\cos u)\cos v,\ (R + r\cos u)\sin v,\ r\sin u), \quad (0 < u,\ v < 2\pi)$$

으로 주어진다. 그러므로

$$\begin{aligned} X_u &= (-r\sin u\cos v,\ -r\sin u\sin v,\ r\cos u), \\ X_v &= (-(R + r\cos u)\sin v,\ (R + r\cos u)\cos v,\ 0), \\ n &= -(\cos u\cos v,\ \cos u\sin v,\ \sin u) \end{aligned}$$

이다. 그러므로 예제 6.9와 예제 6.14로부터

$$\begin{aligned} &E = r^2, \quad F = 0, \quad G = (R + r\cos u)^2, \\ &e = r, \quad f = 0, \quad g = (R + r\cos u)\cos u \end{aligned}$$

를 얻는다. 따라서 정리 7.8로부터 $S(X_u) = \frac{e}{E}X_u$, $S(X_v) = \frac{g}{G}X_v$이다. 즉,

$$\begin{pmatrix} S(X_u) \\ S(X_v) \end{pmatrix} = \begin{pmatrix} \frac{1}{r} & 0 \\ 0 & \frac{\cos u}{R + r\cos u} \end{pmatrix} \begin{pmatrix} X_u \\ X_v \end{pmatrix}$$

이다.

7.2 법곡률과 주곡률

정의 7.13

정칙곡면 M상의 임의의 점 $p \in M$의 단위접벡터 $u_p \in T_pM$에 대하여

$$k_n(u_p) = \langle S(u_p),\ u_p \rangle$$

를 u_p 방향으로의 **법곡률**(normal curvature)이라고 한다.

| 참고 임의의 접벡터 $v_p \in T_pM$ 에 대하여

$$k_n(v_p) := k_n\left(\frac{v_p}{\|v_p\|}\right)$$

로 정의한다. 그러면

$$\kappa_n(v_p) = \frac{1}{\|v_p\|^2}\langle S(v_p),\ v_p \rangle \tag{7.2}$$

임을 알 수 있다.

정리 7.14

단위속력곡선 $\gamma : I \to M$에 대하여 γ' 방향으로의 법곡률 $\kappa_n(\gamma')$는

$$\kappa_n(\gamma') = \langle \boldsymbol{n},\ \gamma'' \rangle$$

이다.

| 증명 법곡률의 정의 7.13에 의해

$$\kappa_n(\gamma') = \langle S(\gamma'),\ \gamma' \rangle = -\langle \boldsymbol{n}',\ \gamma' \rangle = \langle \boldsymbol{n},\ \gamma'' \rangle. \qquad \square$$

정리 7.15

정칙곡면 M상의 임의의 점 $p \in M$와 단위벡터 $u_p \in T_pM$에 대하여

$$\kappa_n(u_p) = \kappa_\beta(0)\cos\theta$$

이 성립한다. 여기서 $\beta : (a,\ b) \to M$는 $\beta(0) = p,\ \beta'(0) = u_p$을 만족하는 단위속력곡선이고 κ_β는 곡선 β의 곡률, $\theta = \angle(N_\beta,\ n)$이다.

증명 (i) 만약 $\kappa_\beta(0) \neq 0$일 경우; 법곡률은

$$\kappa_n(u_p) = \langle S(u_p),\ u_p \rangle = \langle S(\beta'(0)),\ \beta'(0) \rangle = \langle \boldsymbol{n},\ \beta''(0) \rangle \tag{7.3}$$

이다. 식 (7.3)의 마지막 등식은 연습문제 7.2에 의해 증명된다. 한편 Frenet 공식으로부터 $\beta''(0) = \kappa_\beta(0)N_\beta$이기 때문에

$$\kappa_n(u_p) = \langle \boldsymbol{n},\ \kappa_\beta(0)N_\beta \rangle = \kappa_\beta(0)\langle \boldsymbol{n},\ N_\beta \rangle$$

이다. 따라서 $\cos\theta = \langle \boldsymbol{n},\ N_\beta \rangle$이므로 정리가 증명된다.

(ii) 만약 $\kappa_\beta(0) = 0$일 경우; $\beta''(0) = 0$이다. 따라서 $\kappa_n(u_p) = \langle \boldsymbol{n},\ \beta''(0) \rangle = 0$이므로 정리의 등식이 성립한다. □

정의 7.16

정칙곡면 M상의 한 점 $p \in M$에서의 접벡터 $v_p \in T_pM$와 법벡터 $\boldsymbol{n}_p$에 의해 생성되는 평면은 $P(v_p,\ \boldsymbol{n}_p) = \{av_p + b\boldsymbol{n}_p \mid a,\ b \in R\}$이다. 이때 곡선 $C = M \cap P$를 **법선절단**(normal section)이라 한다.

정리 7.17

정칙곡면 M상의 한 점 p에서의 단위접벡터 u_p와 $\beta(0) = p,\ \beta'(0) = u_p$를 만족하는 법선절단 C의 단위속력곡선 β에 대해 다음 등식

$$\kappa_n(u_p) = \pm\kappa_\beta(0)$$

이 성립한다.

증명 곡선 β는 평면 $P(u_p,\ \boldsymbol{n}_p)$ 위에 있으니까 곡선 β의 법벡터 N_p도 평면 $P(u_p,\ \boldsymbol{n}_p)$ 위에 놓여 있다. 더구나 $\beta'(0) \perp \boldsymbol{n}_p,\ N_p$이기 때문에 $\boldsymbol{n}_p = \pm N_p$이다. 따라서 $\cos\theta = \langle N_p,\ \boldsymbol{n}_p \rangle = \pm 1$이다. □

참고 $S_p^1(M) = \{u_p \in T_pM \mid \|u_p\| = 1\}$는 원이고 법곡률 $\kappa_n : S_p^1 \to R$은 연속함수이다. 따라서 원 위에서 정의된 연속함수 κ_n은 최대값과 최소값을 가진다.

정의 7.18

> 정칙곡면 M상의 점 $p \in M$에서 법곡률의 최대값 κ_1, 최소값 κ_2, 즉,
>
> $$\kappa_1 = \max_{u_p} \kappa_n(u_p), \quad \kappa_2 = \min_{u_p} \kappa_n(u_p)$$
>
> 를 **주곡률**(principal curvature)이라 한다. 또한 $\kappa_i = \kappa_n(e_i)$ $(i = 1,\ 2)$일 때, e_i $(i = 1,\ 2)$를 **주벡터**(principal vector)라 한다.

참고 경우에 따라서 κ_1을 최소값, κ_2를 최대값이라 한다.

정리 7.19

> 정칙곡면 M상의 임의의 점 $p \in M$에서 주곡률 κ_i $(i = 1,\ 2)$는 모양연산자 S의 고유치이다. 즉, $Se_i = \kappa_i e_i$ $(i = 1,\ 2)$이다. 또한 점 p에서 주벡터 $e_1,\ e_2$는 서로 직교한다.

증명 (1단계) 단위 접벡터 $e_1 \in S_p^1$을 주벡터라 하자. 즉, $\kappa_n(e_1) = \kappa_1$이라 하자. 왜냐하면 $\kappa_n : S_p^1 \to R$은 연속함수이니까 원 S_p^1상에서 최대값이 존재한다. 따라서 $\kappa_1 = \langle Se_1,\ e_1 \rangle$이다.

(2단계) 단위 접벡터 $e_2 \in S_p^1$는 $\langle e_1,\ e_2 \rangle = 0$을 만족하는 벡터로 선택한다. 이때 e_2가 주벡터이고 $Se_i = \kappa_i e_i$ $(i = 1,\ 2)$임을 밝히자. 우선 $\{e_1,\ e_2\}$는 T_pM의 정규직교기(orthonormal basis)이기 때문에

$$Se_1 = \langle Se_1,\ e_1 \rangle e_1 + \langle Se_1,\ e_2 \rangle e_2, \tag{7.4}$$
$$Se_2 = \langle Se_2,\ e_1 \rangle e_1 + \langle Se_2,\ e_2 \rangle e_2$$

이 성립한다. 한편 임의의 단위 접벡터 $u \in S_p^1$는 $u(\theta) = \cos\theta e_1 + \sin\theta e_2$로 표현할 수 있다. 여기서 $\theta = \angle(e_1,\ u)$이다. 따라서

$$\begin{aligned}\kappa_n(\theta) &:= \kappa_n(u(\theta)) = \langle Su,\ u \rangle \\ &= \langle Se_1,\ e_1 \rangle \cos^2\theta + 2\langle Se_1,\ e_2 \rangle \cos\theta \sin\theta + \langle Se_2,\ e_2 \rangle \sin^2\theta\end{aligned}$$

이고 $\theta = 0$에서 최대값을 가지니까 $\kappa_n{}'(0) = 0$이다. 따라서

$$0 = \kappa_n{}'(0) = 2\langle Se_1,\ e_2 \rangle$$

이므로 $\langle Se_1,\ e_2 \rangle = 0$이다. 그러므로

$$\kappa_n(\theta) = \langle Se_1,\ e_1 \rangle \cos^2\theta + \langle Se_2,\ e_2 \rangle \sin^2\theta \tag{7.5}$$

이 된다. 위 식 (7.5)를 다시 미분하면

$$\kappa_n{}'(\theta) = (-\langle Se_1,\ e_1 \rangle + \langle Se_2,\ e_2 \rangle) \sin 2\theta$$

가 되고 다음이 성립한다. 즉,

$$\kappa_n{}'(\theta) = 0 \ \Leftrightarrow\ \langle Se_1,\ e_1 \rangle = \langle Se_2,\ e_2 \rangle,\ \text{또는}\ \sin 2\theta = 0$$

이다. 따라서,

(i) 만약 $\langle Se_1, e_1 \rangle = \langle Se_2, e_2 \rangle$이면 (7.4)로부터 $\kappa_n(\theta) = \langle Se_1, e_1 \rangle = \kappa_1$이므로 항상 법곡률은 상수이다. 즉, 모든 벡터가 주벡터이므로 e_2도 주벡터이다.

(ii) 만약 $\sin 2\theta = 0$이라 하자. 즉, $\theta = 0,\ \dfrac{\pi}{2}$이다. 따라서 κ_n은 $\theta = 0,\ \dfrac{\pi}{2}$에서 극값(최대, 최소)을 가진다. 그러므로 $\kappa_1 = \kappa_n(0),\ \kappa_2 = \kappa_n\left(\dfrac{\pi}{2}\right) = \langle Se_2,\ e_2 \rangle$이고 $u = e_2$가 주벡터이다. 결과적으로 주벡터 $e_1,\ e_2$는 서로 수직이고 (7.4)로부터

$$Se_1 = \kappa_1 e_1, \quad Se_2 = \kappa_2 e_2$$

이다. 즉, 주곡률은 모양연산자의 고유치이다. □

예제 7.20 (1) 평면의 주곡률은 $\kappa_1 = \kappa_2 = 0$이다 (예제 7.4).

(2) 구면 $S^2(r)$의 주곡률은 $\kappa_1 = \kappa_2 = -\dfrac{1}{r}$이다 (예제 7.10).

(3) 원기둥의 주곡률은 $\kappa_1 = -\dfrac{1}{r}$, $\kappa_2 = 0$이다 (예제 7.11).

(4) 원환면의 주곡률은 $\kappa_1 = \dfrac{1}{r}$, $\kappa_2 = \dfrac{\cos u}{R + r\cos u}$이다 (예제 7.12).

정의 7.21

정칙곡면 M상의 점 p가 $\kappa_1(p) = \kappa_2(p)$일 때, 점 p를 **제점**(umbilic point)이라 한다.

예제 7.22 예제 7.20으로부터 평면상의 모든 점은 제점이다. 또한 구면상의 모든 점도 제점이다.

정리 7.23

정칙곡면 M상의 모든 점이 제점이면 주곡률은 상수이다.

증명 함수 $k : M \to R$을 $\kappa(p) = \kappa_1(p) = \kappa_2(p)$로 정의하자. 임의의 점 p근방의 좌표조각사상을 $X : U \to M$라 하자. 그러면

$$\mathbf{n}_u = -S(X_u) = -\kappa(u, v)X_u, \quad \mathbf{n}_v = -S(X_v) = -\kappa(u, v)X_v$$

이다. 위 식으로부터

$$\mathbf{n}_{uv} = -\kappa_v X_u - \kappa X_{uv}, \quad \mathbf{n}_{vu} = -\kappa_u X_v - \kappa X_{vu}$$

이고 $\mathbf{n}_{uv} = \mathbf{n}_{vu}$, $X_{uv} = X_{vu}$이므로

$$\kappa_v X_u = \kappa_u X_v$$

이다. 한편 $\{X_u, X_v\}$가 일차독립이므로 $\kappa_u = \kappa_v = 0$, 즉 κ는 상수함수이다. □

정리 7.24

> 정칙곡면 M상의 모든 점이 제점이면 M은 평면이거나 구면의 일부분이다.

증명 정리 7.23으로부터 주곡률함수 κ는 상수이다. 따라서 $\kappa = 0$이거나 $\kappa = \lambda(\neq 0)$이다.

(i) $\kappa = 0$인 경우; $\nabla_v \boldsymbol{n} = -S(v) = 0$이다. 즉, $\boldsymbol{n}$은 상수벡터이다. 따라서 M은 평면의 일부분이다.

(ii) $\kappa(p) = \lambda(\neq 0)$인 경우; 우선 $\gamma : (a,\ b) \to M$를 임의의 곡선이라 하자. 그리고 $\alpha : (a,\ b) \to R^3$를

$$\alpha(t) = \gamma(t) + \frac{1}{\kappa(\gamma(t))}\boldsymbol{n}(\gamma(t)) \tag{7.6}$$

라 하자. κ가 상수함수이고 $S(\gamma'(t)) = \lambda\gamma'(t)$이므로

$$\alpha'(t) = \gamma'(t) + \frac{1}{\lambda}\boldsymbol{n}'(t) = \gamma'(t) - \frac{1}{\lambda}S(\gamma'(t)) = 0$$

이다. 따라서 $\alpha(t) = c$는 상수벡터이고 (7.6)으로부터

$$\|\gamma(t) - c\| = \frac{1}{\lambda}$$

이다. 즉 M상의 임의의 곡선 γ는 반지름 $\frac{1}{\lambda}$인 구면위에 놓인다. 따라서 M은 구면의 일부분이다. □

정리 7.25

> 정칙곡면 M상의 점 p에서 단위접벡터 u_p방향으로의 법곡률 $\kappa_n(\theta)$는
>
> $$\kappa_n(\theta) = \kappa_1 \cos^2\theta + \kappa_2 \sin^2\theta$$
>
> 이다. 여기서 $\theta = \angle(u,\ e_1)$, e_1은 주벡터이다.

증명 정리 7.19의 (7.5)로부터 얻어진다. □

문제 7.26 좌표조각사상 $X: U \to R^3$ 위의 한 점 p에서의 임의의 접벡터 $v_p = aX_u + bX_v$ 방향으로의 법곡률 $\kappa_n(v_p)$는

$$\kappa_n(v_p) = \frac{II(v_p,\ v_p)}{I(v_p,\ v_p)} = \frac{ea^2 + 2fab + gb^2}{Ea^2 + 2Fab + Gb^2}$$

임을 증명하여라.

정의 7.27

정칙곡면 M상의 임의의 점 $p \in M$에서 접벡터 $v_p \in T_pM$방향으로의 법곡률이 영일 때, 즉,

$$\kappa_n(v_p) = 0$$

일 때, v_p를 점 p에서 **점근벡터**(asymptotic vector)라 한다.

정의 7.28

정칙곡면 M상의 곡선 γ가 모양연산자 S에 대해

$$S(\gamma'(t)) = \lambda(t)\gamma'(t), \quad \forall t$$

을 만족할 때, 곡선 γ를 **주곡선**(principal curve)이라 한다. 또한 법곡률 $\kappa_n(\gamma') = 0$일 때, γ를 **점근곡선**(asymptotic curve)이라 한다.

정리 7.29

정칙곡면 M상의 곡선 γ의 가속도 $\gamma''(t)$이 곡면에 접하면, 즉, $\langle \boldsymbol{n},\ \gamma'' \rangle = 0$이면, 곡선 γ는 점근곡선이다.

증명 곡선 γ를 단위속력곡선이라 하자. 정리 7.14에 의해

$$\kappa_n(\gamma') = \langle S(\gamma'),\ \gamma' \rangle = -\langle \boldsymbol{n}',\ \gamma' \rangle = \langle \boldsymbol{n},\ \gamma'' \rangle = 0$$

이다. 따라서 정리가 증명된다. □

정리 7.30

좌표조각사상 $X: U \to R^3$ 위의 u-곡선, v-곡선이 점근곡선일 필요충분조건은 $e = g = 0$이다.

증명 좌표조각사상의 u-곡선은 $\gamma(u) = X(u, v_0)$로 표현할 수 있다. 따라서

$$\kappa_n(\gamma') = \frac{\langle S(\gamma'(u)), \gamma'(u)\rangle}{\|\gamma'(u)\|^2} = \frac{\langle S(X_u), X_u\rangle}{E} = \frac{e}{E}$$

이다. 따라서 $\kappa_n(\gamma') = \kappa_n(X_u) = 0$일 필요충분조건은 $e = 0$이다. 마찬가지로 v-곡선이 점근곡선, 즉 $\kappa_n(X_v) = 0$일 필요충분조건은 $g = 0$이다. □

정리 7.31

좌표조각사상 $X: U \to R^3$에서 $F = f = 0$일 때, u-곡선과 v-곡선은 주곡선이다. 역으로 u-곡선, v-곡선이 제점이 아닌 주곡선이면 $F = f = 0$이다.

증명 연습문제. □

7.3 Gauss 곡률과 평균곡률

정의 7.32

정칙곡면 M상의 임의의 점 $p \in M$에서

$$K(p) = \det(S(p)), \quad H(p) = \frac{1}{2}\mathrm{tr}\,(S(p))$$

로 정의할 때, K를 점 p에서의 Gauss **곡률**(Gaussian curvature), H를 **평균곡률**(mean curvature)이라 한다.

정리 7.33

> 정칙곡면 M상에서 다음 등식
>
> $$K=\kappa_1\kappa_2, \quad H=\frac{1}{2}(\kappa_1+\kappa_2)$$
>
> 이 성립한다. 여기서 $\kappa_i(i=1,\ 2)$는 주곡률이다.

증명 선형사상에 대응하는 행렬의 행렬식(determinant)과 대각합(trace)은 기저의 선택에 불변이다(정리 1.24). 따라서 $\{e_1,\ e_2\}$를 주벡터라고 하면

$$S(e_j)=\kappa_j e_j \ \ (j=1,\ 2) \ \text{즉,}\ S=\begin{pmatrix}\kappa_1 & 0\\ 0 & \kappa_2\end{pmatrix}$$

이므로 $\det(S)=\kappa_1\kappa_2$, $\mathrm{tr}(S)=\kappa_1+\kappa_2$이다. □

따름정리 7.34

> 정칙곡면 M의 주곡률 κ_1, κ_2는 다음 이차방정식의 근이다. 즉,
>
> $$x^2-2Hx+K=0$$
>
> 의 두 근이다.

증명 주곡률 κ_1, κ_2을 두 근으로 하는 방정식 $x^2-(\kappa_1+\kappa_2)x+\kappa_1\kappa_2=0$이다. 따라서 정리 7.33으로부터 증명된다. □

정리 7.35

> 좌표조각사상 $X: U\to R^3$의 Gauss 곡률 K, 평균곡률 H는 다음 등식
>
> $$K=\frac{eg-f^2}{EG-F^2}, \quad H=\frac{eG-2fF+gE}{2(EG-F^2)}$$
>
> 을 만족한다.

증명 정리 7.8로부터 기저 $\{X_u, X_v\}$에 대응하는 모양연산자 S의 행렬은

$$S = \frac{1}{EG - F^2}\begin{pmatrix} eG - fF & fE - eF \\ fG - gF & gE - fF \end{pmatrix}$$

이다. 그러므로 $K = \det S$와 $H = \frac{1}{2}\operatorname{tr} S$로부터 증명된다. □

예제 7.36 (1) 구면 $S^2(r)$에서 $K = \frac{1}{r^2}$, $H = -\frac{1}{r}$이다(예제 7.10).

(2) 원기둥에서 $K = 0$, $H = -\frac{1}{2r}$이다(예제 7.11).

(3) 원환면의 Gauss 곡률 K와 평균곡률 H는 예제 7.12로부터

$$K = \frac{\cos u}{r(R + r\cos u)}, \quad H = \frac{R + 2r\cos u}{2r(R + r\cos u)}$$

가 성립한다.

정의 7.37

정칙곡면 M 위의 점 p에서 만약
- $K(p) > 0$일 때, p는 **타원점**(elliptic point),
- $K(p) < 0$일 때, p는 **쌍곡점**(hyperbolic point),
- $K(p) = 0$, $H(p) \neq 0$일 때, p는 **포물점**(parabolic point),
- $K(p) = 0$, $H(p) = 0$일 때, p는 **평탄점**(planar point)

이라고 부른다.

예제 7.38 (1) 구면위의 모든 점들은 타원점이다.

(2) 원기둥위의 모든 점들은 포물점이다.

(3) 원환면위의 점들은 다음 조건을 만족한다.

(i) $K(p) > 0 \Leftrightarrow \cos u > 0 \Leftrightarrow -\frac{\pi}{2} < u < \frac{\pi}{2}$. 즉 원환면의 바깥쪽 점들은 타원점이다.

(ii) $K(p) < 0 \Leftrightarrow \cos u < 0 \Leftrightarrow \frac{\pi}{2} < u < \frac{3\pi}{2}$. 즉, 원환면의 안쪽점들은 쌍곡점이다.

(iii) $K(p)=0 \Leftrightarrow u=\pm\frac{\pi}{2}$. 그리고 $H(p)\neq 0$. 따라서 $X\left(\pm\frac{\pi}{2}, v\right)$는 포물점이다.

7.4 곡률 공식

곡면이 좌표조각사상으로 표현될 때의 Gauss 곡률과 평균곡률은 정리 7.35로부터 얻을 수 있다. 여기서는 곡면이 방정식의 해로 표현될 때 곡률을 구하는 방법을 알아본다.

정리 7.39 정칙곡면 M상의 점 p에서의 일차독립인 접벡터 $v, w\in T_pM$에 대하여

$$S(v)\times S(w)=K(p)\,v\times w,$$
$$S(v)\times w+v\times S(w)=2H(p)\,v\times w$$

가 성립한다.

증명 일차독립인 벡터 $\{v, w\}$는 접공간 T_pM의 기저가 되기 때문에 어떤 실수 a, b, c, d가 존재하여

$$S(v)=av+bw,$$
$$S(w)=cv+dw$$

로 나타낼 수 있다. 따라서 기저 $\{v, w\}$에 대응하는 모양연산자의 대응행렬은 $S=\begin{pmatrix} a & b \\ c & d \end{pmatrix}$이다. 따라서 $K(p)=\det S=ad-bc$, $H(p)=\frac{1}{2}\mathrm{tr}\,S=\frac{a+d}{2}$이다. 그러므로 다음 등식

$$S(v)\times S(w)=(ad-bc)\,v\times w=K(p)\,v\times w,$$
$$S(v)\times w+v\times S(w)=(a+d)\,v\times w=2H(p)\,v\times w$$

이 성립한다. □

따름정리 7.40

정칙곡면 M상의 점 p에서의 접벡터 $\{v, w\}$가 정규직교기저이면

$$K(p) = \langle S(v), v \rangle \langle S(w), w \rangle - \langle S(v), w \rangle^2,$$

$$H(p) = \frac{1}{2}\{\langle S(v), v \rangle + \langle S(w), w \rangle\}$$

가 성립한다.

증명 정리 7.39로부터 임의의 두 벡터 v, w에 대하여

$$K(p) = \frac{\langle S(v) \times S(w), v \times w \rangle}{\|v \times w\|^2},$$

$$H(p) = \frac{1}{2}\frac{\langle S(v), v \rangle \|w\|^2 + \langle S(w), w \rangle \|v\|^2 - 2\langle S(v), w \rangle \langle v, w \rangle}{\|v \times w\|^2}$$

이다. 한편 접벡터 v, w는 정규직교기, 즉, $\|v\| = \|w\| = 1$, $\langle v, w \rangle = 0$이기 때문에 $\|v \times w\| = 1$이다. 따라서 정리가 증명된다. □

예제 7.41 구면 $S^2(r) = \{(x, y, z) \mid x^2 + y^2 + z^2 = r^2\}$의 Gauss 곡률과 평균곡률을 구하여라.

풀이 예제 7.5로부터 구면위의 임의의 점 $\mathrm{x} = (x, y, z)$에서의 법벡터는 $n = \frac{\mathrm{x}}{r}$이고 임의의 접벡터 v에 대하여 모양연산자는 $S(v) = -\frac{1}{r}v$이다. 따라서 $S(v) \times S(w) = \frac{1}{r^2}v \times w$이고 따름정리 7.40으로부터 Gauss 곡률 $K = \frac{1}{r^2}$이다. 평균곡률도 쉽게 구할 수 있다.

예제 7.42 타원면 $M = \left\{(x, y, z) \mid \frac{x^2}{a^2} + \frac{y^2}{b^2} + \frac{z^2}{c^2} = 1\right\}$의 Gauss 곡률 K와 평균곡률 H를 구하여라.

| 풀이 함수 $g(x,\ y,\ z) = \dfrac{x^2}{a^2} + \dfrac{y^2}{b^2} + \dfrac{z^2}{c^2}$라 두면 기울기벡터 ∇g는

$$\nabla g = 2\left(\frac{x}{a^2},\ \frac{y}{b^2},\ \frac{z}{c^2}\right)$$

이다. 만약 함수 $h(x,\ y,\ z) = \left(\dfrac{x^2}{a^4} + \dfrac{y^2}{b^4} + \dfrac{z^2}{c^4}\right)^{-\frac{1}{2}}$라 두면 단위법벡터 $\boldsymbol{n}$은

$$\boldsymbol{n} = \frac{\nabla g}{\|\nabla g\|} = h\left(\frac{x}{a^2},\ \frac{y}{b^2},\ \frac{z}{c^2}\right)$$

으로 주어진다. 따라서 벡터 $\{v,\ w\}$를 정규직교기로서 $\boldsymbol{n} = v \times w$를 만족하도록 잡자. 그러면

$$\nabla_v \boldsymbol{n} = v[h]h^{-1}\boldsymbol{n} + h\nabla_v\left(\frac{x}{a^2},\ \frac{y}{b^2},\ \frac{z}{c^2}\right) = v[h]h^{-1}\boldsymbol{n} + h\left(\frac{v_1}{a^2},\ \frac{v_2}{b^2},\ \frac{v_3}{c^2}\right),$$

$$\nabla_w \boldsymbol{n} = w[h]h^{-1}\boldsymbol{n} + h\left(\frac{w_1}{a^2},\ \frac{w_2}{b^2},\ \frac{w_3}{c^2}\right)$$

이 된다. 그러므로

$$\begin{aligned}\langle S(v) \times S(w),\ \boldsymbol{n}\rangle = \langle \nabla_v \boldsymbol{n} \times \nabla_w \boldsymbol{n},\ \boldsymbol{n}\rangle &= \frac{h^3}{a^2b^2c^2}\begin{vmatrix} v_1 & v_2 & v_3 \\ w_1 & w_2 & w_3 \\ x & y & z \end{vmatrix} \\ &= \frac{h^3}{a^2b^2c^2}\langle v \times w,\ \mathrm{x}\rangle \\ &= \frac{h^4}{a^2b^2c^2}\end{aligned}$$

이다. 따라서 따름정리 7.40으로부터 Gauss 곡률은

$$K(p) = \frac{\langle S(v) \times S(w),\ v \times w\rangle}{\|v \times w\|^2} = \langle S(v) \times S(w),\ \boldsymbol{n}\rangle = \frac{h^4}{a^2b^2c^2}$$

이다. 만약 $a = b = c = r$이면 $h(x,\ y,\ z) = r$이다. 평균곡률도 유사하게 계산할 수 있다.

7.5 Gauss 사상

정칙곡면 M상에서 정의된 사상 G : $M \to S^2(1)$를

$$\mathsf{G}(p) = \boldsymbol{n}(p)$$

로 정의할 때, G를 M상의 Gauss **사상**(Gauss map)이라고 한다.

정리 7.43

> 정칙곡면 M상의 임의의 점 $p \in M$에서의 접벡터 v_p에 대해서
>
> $$S(v_p) = -d\mathsf{G}_p(v_p)$$
>
> 이다.

증명 Gauss 사상 G : $M \to S^2(1)$에 대하여 $T_{G(p)}S^2(1) \equiv T_pM$임은 두 공간 모두 $\boldsymbol{n}_p$에 수직이므로 분명하다. 따라서 G의 미분사상은 $d\mathsf{G}_p : T_pM \to T_pM$로 생각할 수 있다. 그러므로 임의의 접벡터 v_p에 대하여 곡선 γ를 $\gamma(0) = p$, $\gamma'(0) = v_p$를 만족한다고 하면

$$d\mathsf{G}_p(v_p) = \frac{d}{dt}\mathsf{G}(\gamma(t))|_{t=0} = \frac{d}{dt}\boldsymbol{n}(\gamma(t))|_{t=0} = \nabla_{v_p}\boldsymbol{n}$$

이다. 여기서 마지막 등식은 예제 2.17로부터 따른다. 따라서 모양연산자의 정의로부터 정리가 증명된다. □

문제 7.44 정칙곡면 $X: U \to M$상에서 다음이 성립함을 증명하여라.

$$d\mathsf{G}(X_u) \times d\mathsf{G}(X_v) = K(u,v) X_u \times X_v.$$

정리 7.45

> 좌표조각사상 $X: U \to R^3$상의 임의의 점 $p \in X(U)$에서의 Gauss 곡률 $K(p)$는
>
> $$|K(p)| = \lim_{r \to 0} \frac{A(\mathsf{G}(M_r))}{A(M_r)}.$$
>
> 여기서 $M_r = X(U) \cap B_r^3(p)$, $B_r^n(p) = \{\mathrm{x} \in R^n \mid \|\mathrm{x} - p\| < r\}$ 이고 G는 Gauss 사상이다.

증명 (i) 우선 이중적분의 평균값정리(mean value theorem)를 복습한다. 즉, 임의의 미분 가능한 함수 $f : B_r^2(\tilde{p}) \to R$에 대하여

$$\lim_{r \to 0} \frac{1}{A(r)} \iint_{B_r^2(\tilde{p})} f dA = f(\tilde{p}) \tag{7.7}$$

이다. 여기서 $A(r) = Area(B_r^2(\tilde{p}))$이다.

(ii) 곡면의 면적공식에 의해

$$A(M_r) = \iint_{X^{-1}(M_r)} \|X_u \times X_v\| dudv.$$

(iii) 곡면 $\mathsf{G}(M_r)$의 좌표조각사상은 $\boldsymbol{n} \circ X: U \to S^2(1)$이다. 따라서 정리 7.2로부터 $(\boldsymbol{n} \circ X)_u = \boldsymbol{n}_u$이고 $d\mathsf{G}(X_u) = \boldsymbol{n}_u$이므로 문제 7.44로부터

$$\begin{aligned} A(\mathsf{G}(M_r)) &= \iint_{X^{-1}(M_r)} \|\boldsymbol{n}_u \times \boldsymbol{n}_v\| dudv \\ &= \iint_{X^{-1}(M_r)} |K(u, v)| \|X_u \times X_v\| dudv. \end{aligned}$$

그러므로 평균값정리 (7.7)로부터 만약 $p = X(\tilde{p})$라 하면

$$\begin{aligned} \lim_{r \to 0} \frac{A(\mathsf{G}(M_r))}{A(M_r)} &= \frac{\lim_{r \to 0} \frac{1}{A_r} \iint |K| \|X_u \times X_v\| dudv}{\lim_{r \to 0} \frac{1}{A_r} \iint \|X_u \times X_v\| dudv} \\ &= \frac{|K(p)| \|X_u \times X_v\|(p)}{\|X_u \times X_v\|(p)} \\ &= |K(p)| \end{aligned}$$

이다. 여기서 $A_r = Area(X^{-1}(M_r))$이다. □

7.6 측지선 및 측지곡률

정칙곡면 M상의 단위속력곡선 $\gamma: I \to M$에 대하여 $\{T, N, B, \kappa, \tau\}$과 곡면의 법벡터 $\boldsymbol{n}$에 대하여 새로운 벡터 D를

$$D = \boldsymbol{n} \times T$$

라 두면 $\{\boldsymbol{n}, T, D\}$은 새로운 틀장(frame field)을 형성한다.

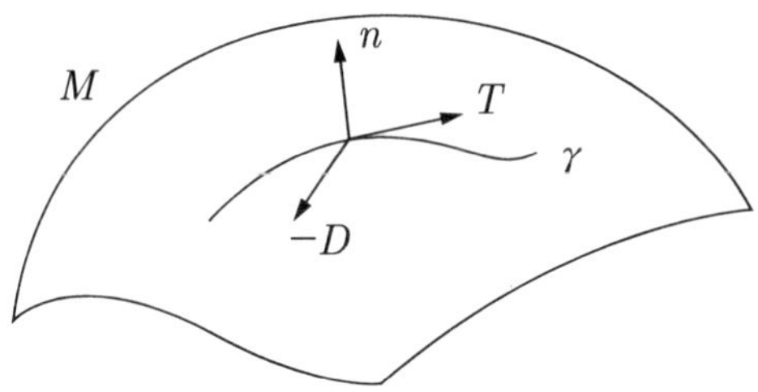

정의 7.46

> 정칙곡면 M상의 단위속력곡선 γ에 대하여
>
> $$\kappa_g(\gamma) = \langle \gamma'', D \rangle$$
>
> 라 할 때, $\kappa_g(\gamma)$를 γ의 **측지곡률**(geodesic curvature)이라 한다.

문제 7.47 단위속력곡선 γ의 측지곡률은

$$k_g(\gamma) = \langle \boldsymbol{n}, \gamma' \times \gamma'' \rangle$$

이고 임의의 속력곡선 γ의 측지곡률 κ_g는

$$\kappa_g(\gamma) = \frac{1}{\|\gamma'\|^3} \langle \boldsymbol{n}, \gamma' \times \gamma'' \rangle$$

임을 증명하여라.

보조정리 7.48

> 정칙곡면 M상의 단위속력곡선 γ에 대한 가속도벡터 $\gamma''(s)$는
> $$\gamma''(s) = \kappa_g(\gamma)D + \kappa_n(\gamma)\boldsymbol{n}$$
> 로 표현된다. 여기서 $\kappa_n(\gamma) = \kappa_n(\gamma')$이다.

증명 단위속력곡선 γ에 대해 $\langle \gamma''(s),\ T \rangle = 0$ 이기 때문에

$$\gamma''(s) = \langle \gamma''(s),\ D \rangle D + \langle \gamma''(s),\ \boldsymbol{n} \rangle \boldsymbol{n}$$

이다. 따라서 정리 7.14와 정의 7.46에 의해 증명된다. □

정리 7.49

> 정칙곡면 M상의 단위속력곡선 γ의 곡률 κ, 측지곡률 κ_g, 법곡률 κ_n은 다음과 같은 관계식
> $$\kappa^2 = \kappa_g^2 + \kappa_n^2$$
> 을 만족한다.

증명 단위속력곡선 γ의 곡률은 $\kappa^2 = \|\gamma''(s)\|^2$을 만족하기 때문에 보조정리 7.48로부터 성립한다. □

정의 7.50

> 정칙곡면 M상의 단위속력곡선 γ의 측지곡률이 $\kappa_g = 0$일 때, 곡선 γ를 **측지선**(geodesic curve)이라 한다.

정리 7.51

> 정칙곡면 M상의 단위속력곡선 γ가 측지선일 필요충분조건은
> (1) $\langle \gamma' \times \gamma'',\ \boldsymbol{n} \rangle = 0$, 또는
> (2) $\gamma''(s)$이 곡면에 수직일 때이다. 즉, $\gamma''(s)$이 $\boldsymbol{n}$과 평행할 때이다.

증명 연습문제. □

정리 7.52

> 정칙곡면 M상의 단위속력곡선 γ가 측지선이면, 다음 등식
>
> $$S(T) = \pm N' = \pm(-\kappa T + \tau B)$$
>
> 이 성립한다. 여기서 S는 모양연산자, $\{T, N, B\}$는 곡선 γ의 Frenet 틀장이다.

증명 단위속력곡선 γ가 측지선, 즉 $\kappa_g = 0$이니까 $\gamma''(s) = \kappa_n \boldsymbol{n}$이다. 한편 Frenet 공식으로부터 $\gamma''(s) = \kappa N$이므로 $N = \pm \boldsymbol{n}$이다. 그러므로 다시 Frenet 공식에 의해

$$S(T) = S(\gamma') = -\nabla_{\gamma'} \boldsymbol{n} = \pm \nabla_{\gamma'} N = \pm N' = \pm(-\kappa T + \tau B)$$

가 성립한다. □

예제 7.53 (1) 평면상에서 측지선은 직선이다. 왜냐하면 $S = 0$이므로 γ가 측지선이라면 정리 7.52로부터 $\kappa = \tau = 0$이다. 따라서 곡선 γ는 직선이다.

(2) 반지름 r인 구면 $S^2(r)$상에서의 측지선은 대원(great circle)의 일부분이다. 실제로 만약 γ를 측지선이라고 하면 정리 7.52로부터

$$S(T) = \pm(-\kappa T + \tau B)$$

이다. 한편 예제 7.5로부터 $S(T) = -\dfrac{1}{r}T$이다. 따라서 비교하면

$$\kappa = \frac{1}{r}, \quad \tau = 0$$

이다. 따라서 곡선은 평면곡선으로 반지름이 r인 원이다. 이는 구면에서 대원이다.

정리 7.54

좌표조각사상 $X: U \to R^3$가 $F=0$을 만족할 때, u-곡선과 v-곡선의 측지곡률 $(\kappa_g)_1$과 $(\kappa_g)_2$는 각각

$$(\kappa_g)_1 = \frac{\langle X_{uu},\ X_v \rangle}{E\sqrt{G}} = -\frac{E_v}{2E\sqrt{G}},$$
$$(\kappa_g)_2 = \frac{\langle X_{uv},\ X_v \rangle}{G\sqrt{E}} = \frac{G_u}{2G\sqrt{E}}$$

이다.

증명 u-곡선의 측지곡률 $(\kappa_g)_1$은 문제 7.47로부터

$$(\kappa_g)_1 = \frac{1}{\|X_u\|^3}\langle \boldsymbol{n},\ X_u \times X_{uu} \rangle$$

이다. 한편 $\boldsymbol{n} = \dfrac{X_u \times X_v}{\|X_u \times X_v\|}$이기 때문에 위 등식으로부터

$$(\kappa_g)_1 = \frac{1}{E\sqrt{G}}\langle X_{uu},\ X_v \rangle = -\frac{E_v}{2E\sqrt{G}}$$

이 성립한다. 마지막 등식은 $E_v = -2\langle X_{uu},\ X_v \rangle$이기 때문에 성립한다. 한편 유사하게 v-곡선 $\beta(v) = X(u_0,\ v)$에 대해서도 $G_u = -2\langle X_{vv},\ X_u \rangle$이므로

$$(\kappa_g)_2 = -\frac{1}{G\sqrt{E}}\langle X_{vv},\ X_u \rangle = \frac{G_u}{2G\sqrt{E}}$$

가 성립됨을 알 수 있다. □

따름정리 7.55

좌표조각사상 $X: U \to R^3$가 $E=1,\ F=0$을 만족할 때, u-곡선은 측지선이다.

정리 7.56

> 좌표조각사상 $X: U \to M$가 $F=0$을 만족할 때, M상의 임의의 단위속력곡선 γ의 측지곡률 $\kappa_g(\gamma)$는
>
> $$\kappa_g(\gamma) = \theta'(s) + (\kappa_g)_1 \cos\theta + (\kappa_g)_2 \sin\theta$$
>
> 이다. 여기서 $\theta = \angle(\gamma'(s),\ X_u)$, $(\kappa_g)_1$은 u-곡선의 측지곡률이고 $(\kappa_g)_2$는 v-곡선의 측지곡률이다.

▌증명 정칙곡면 M상의 단위속력곡선 γ는 $\gamma(s) = X(u(s),\ v(s))$로 표현된다. 가정에서 $F=0$이니까 $e_1 = \dfrac{X_u}{\|X_u\|}$와 $e_2 = \dfrac{X_v}{\|X_v\|}$는 서로 수직인 단위벡터이고 $\boldsymbol{n} = e_1 \times e_2$이다. 그러므로 곡선 γ의 속도벡터 $\gamma'(s)$는

$$\gamma'(s) = \cos\theta\, e_1 + \sin\theta\, e_2$$

이고 $\gamma''(s) = -\theta' \sin\theta\, e_1 + \theta' \cos\theta\, e_2 + \cos\theta\, e_1' + \sin\theta\, e_2'$이다. 따라서

$$\begin{aligned}\gamma' \times \gamma'' = \theta' \boldsymbol{n} &+ \cos^2\theta (e_1 \times e_1') + \sin^2\theta (e_2 \times e_2') \\ &+ \sin\theta\cos\theta (e_1 \times e_2' + e_2 \times e_1')\end{aligned}$$

이고

$$\begin{aligned}\langle \boldsymbol{n},\ e_1 \times e_1' \rangle = \langle \boldsymbol{n},\ e_2 \times e_2' \rangle = \langle e_1',\ e_2 \rangle, \\ \langle \boldsymbol{n},\ e_1 \times e_2' \rangle = \langle \boldsymbol{n},\ e_2 \times e_1' \rangle = 0\end{aligned}$$

이므로

$$\kappa_g(\gamma) = \langle \boldsymbol{n},\ \gamma' \times \gamma'' \rangle = \theta'(s) + \langle e_1',\ e_2 \rangle \tag{7.8}$$

가 성립한다. 따라서 $e_1' = \dfrac{d}{ds}\left(\dfrac{X_u}{\sqrt{E}}\right) = \left\{\dfrac{d}{ds}\left(\dfrac{1}{\sqrt{E}}\right)\right\} X_u + \dfrac{1}{\sqrt{E}} \dfrac{d}{ds} X_u$이고 $\dfrac{d}{ds} X_u = u' X_{uu} + v' X_{uv}$이므로

$$\langle e_1',\ e_2 \rangle = \frac{1}{\sqrt{EG}} \langle u' X_{uu} + v' X_{uv},\ X_v \rangle$$

이다. 한편 $\gamma'(s) = u' X_u + v' X_v$이므로

$$\cos\theta = \langle \gamma',\ e_1 \rangle = u' \| X_u \|, \quad \sin\theta = v' \| X_v \|$$

이므로 정리 7.54로부터

$$\begin{aligned}\langle e_1{}',\ e_2 \rangle &= \cos\theta \frac{\langle X_{uu},\ X_v \rangle}{\| X_u \|^2 \| X_v \|} + \sin\theta \frac{\langle X_{uv},\ X_v \rangle}{\| X_v \|^2 \| X_u \|} \\ &= (\kappa_g)_1 \cos\theta + (\kappa_g)_2 \sin\theta\end{aligned}$$

이다. 따라서 (7.8)로부터 정리가 증명된다. □

정리 7.57

정칙곡면 M상의 단위속력곡선 γ가 $\gamma(a) = P$와 $\gamma(b) = Q$를 만족할 때, 만약 곡선 γ가 두 점 P와 Q를 연결하는 최소의 길이를 가진 곡선이면 γ는 측지선이다.

증명 참고문헌 [3] p. 113 참조. □

정의 7.58

좌표조각사상 $X: U \to R^3$가 $E = 1$, $F = 0$을 만족할 때 X를 **측지좌표조각사상**(geodesic coordinate patch)이라 한다.

정리 7.59

정칙곡면 M상의 닫힌곡선이 아닌 단순정칙곡선 $\gamma: [a, b] \to M$에 대하여, 곡면 M상에 v-곡선이 γ인 측지좌표조각사상 $X: U \to R^3$가 존재한다.

증명 참고문헌 [3] p. 176 참조. □

제7장 연습문제

01 선직면의 가우스곡률 K는

$$K = -\frac{f^2}{EG - F^2}$$

임을 증명하여라. 즉, 선직면의 가우스곡률은 항상 $K \leq 0$이다.

02 정칙곡면 M 위의 임의의 곡선 $\alpha : (a,\ b) \rightarrow M$에 대하여

$$S(\alpha'(t)) = -\boldsymbol{n}'(t), \quad \kappa_n(\alpha') = \frac{1}{\|\alpha'\|^2}\langle \boldsymbol{n},\ \alpha'' \rangle$$

을 증명하여라.

03 타원포물면 $X(u,\ v) = (u,\ v,\ u^2 + v^2)$상의 곡선 $\gamma(t) = (\cos t,\ \sin t,\ 1)$에 대하여 법곡률 $\kappa_n(\gamma')$을 구하여라.

04 정칙곡면 M상의 임의의 점 p에서의 평균곡률 H는 다음과 같음을 증명하여라.

$$H = \frac{1}{\pi}\int_0^{\pi} \kappa_n(\theta)d\theta.$$

여기서 $\kappa_n(\theta)$는 점 p에서 고정된 주축과 이루는 각의 크기가 θ인 방향으로의 법곡률이다. (정리 7.25)

05 정칙곡면 M상의 점 $p \in M$에서의 수직인 두 벡터 $v,\ w$에 대하여

$$\kappa_n(v) + \kappa_n(w) = 2\mathrm{H}(p)$$

임을 증명하여라.

06 정칙곡선 $\alpha(t)=(g(t),\ h(t),\ 0),\ (h>0)$을 x축으로 회전한 회전면의 Gauss 곡률 K를 구하여라.

07 Gauss 곡률이 $K=0$인 회전면은 평면, 원뿔, 또는 원기둥의 일부분임을 증명하여라.

08 정리 7.31을 증명하여라.

09 평면곡선 γ의 측지곡률은 $\kappa_g(\gamma)=\kappa_2(\gamma)$임을 보여라.

10 좌표조각사상 $X: U \to R^3$에 대하여 다음을 증명하여라.

$$\langle X_{uu},\ X_{vv}\rangle - \langle X_{uv},\ X_{uv}\rangle = -\frac{1}{2}E_{vv}+F_{uv}-\frac{1}{2}G_{uu}.$$

11 좌표조각사상 $X: U \to R^3$에 대하여 Gauss 곡률 K는

$$\frac{1}{(EG-F^2)^2}\left\{\det\begin{pmatrix} -\frac{1}{2}E_{vv}+F_{uv}-\frac{1}{2}G_{uu} & \frac{1}{2}E_u & F_u-\frac{1}{2}E_v \\ F_v-\frac{1}{2}G_u & E & F \\ \frac{1}{2}G_v & F & G \end{pmatrix} - \det\begin{pmatrix} 0 & \frac{1}{2}E_v & \frac{1}{2}G_u \\ \frac{1}{2}E_v & E & F \\ \frac{1}{2}G_u & F & G \end{pmatrix}\right\}$$

임을 증명하여라. (제2기본형식의 계수 $e,\ f,\ g$를 제1기본형식으로 나타내어라.)

12 $F=0$인 좌표조각사상 $X: U \to M$의 가우스곡률 K는

$$K=\frac{-1}{\sqrt{EG}}\left[\frac{\partial}{\partial u}\left(\frac{1}{\sqrt{E}}\frac{\partial\sqrt{G}}{\partial u}\right)+\frac{\partial}{\partial v}\left(\frac{1}{\sqrt{G}}\frac{\partial\sqrt{E}}{\partial v}\right)\right]$$

임을 증명하여라.

제8장

극소 곡면과 Gauss-Bonnet 정리

DIFFERENTIAL GEOMETRY

8.1 극소 곡면

정의 8.1 정칙곡면 M의 평균곡률이 $H=0$일 때, M을 **극소곡면**(minimal surface)이라 하고 Gauss 곡률이 $K=0$일 때 **평탄곡면**(flat surface)이라 한다.

예제 8.2 (1) 평면은 극소곡면이다. 왜냐하면 예제 7.4로부터 모양연산자는 $S=0$이다. 따라서 평균곡률은 $H=\frac{1}{2}tr\,S=0$이다.

(2) 현수면(catenoid)은 극소곡면이다. 즉, 현수면의 좌표조각사상(예제 6.16)은

$$X(u,\ v)=(au,\ a\cosh u\cos v,\ a\cosh u\sin v)$$

이므로

$$\begin{aligned}
X_u &= (a,\ a\sinh u\cos v,\ a\sinh u\sin v),\\
X_v &= (0,\ -a\cosh u\sin v,\ a\cosh u\cos v),\\
X_{uu} &= (0,\ a\cosh u\cos v,\ a\cosh u\sin v),\\
X_{uv} &= (0,\ -a\sinh u\sin v,\ a\sinh u\cos v),\\
X_{vv} &= (0,\ -a\cosh u\cos v,\ -a\cosh u\sin v)
\end{aligned}$$

이다. 그러므로

$$X_u\times X_v=(a^2\cosh u\sinh u,\ -a^2\cosh u\cos v,\ -a^2\cosh u\sin v)$$

이고 $\|X_u\times X_v\|=a^2\cosh^2 u$이다. 따라서

$$\boldsymbol{n}=\frac{1}{\cosh u}(\sinh u,\ -\cos v,\ -\sin v).$$

$$E=a^2\cosh^2 u,\ \ F=0,\ \ G=a^2\cosh^2 u,\ \ e=-a,\ \ f=0,\ \ g=a$$

이다. 그러므로

$$K=\frac{eg-f^2}{EG-F^2}=-\frac{1}{a^2\cosh^4 u},\quad H=\frac{Eg+Ge}{2(EG-F^2)}=0.$$

즉, 현수면은 극소곡면이다.

(3) 나선면(helicoid)은 극소곡면이다(예제 6.15).

참고 극소곡면의 기하학적 의미를 알아보자. 우선 단순곡면 M의 좌표조각사상을 $X: U \to R^3$라 하고 $\Omega \subset U$를 유계영역(bounded domain)이라 하자. 이때 임의의 미분 가능한 함수 $\phi: \Omega \to R$에 대하여 좌표조각사상 $X^t: \Omega \to R^3$, $t \in (-\epsilon, \epsilon)$를

$$X^t(u, v) = X(u, v) + t\phi(u, v)n \tag{8.1}$$

으로 정의할 때, X^t를 ϕ에 의해 결정된 X의 **변분**(normal variation)이라고 한다.

정리 8.3

좌표조각사상 $X: U \to R^3$와 유계영역 $\Omega \subset U$가 주어질 때, 변분 X^t의 면적 $A(t)$는

$$A(t) = \iint_\Omega \{\sqrt{EG - F^2}(1 - 2t\phi H) + O(t^2)\}dudv$$

이다. 여기서 $\lim_{t \to 0} \frac{O(t^2)}{t} = 0$이다.

증명 식 (8.1)로부터

$$X_u^t = X_u + t\phi_u n + t\phi n_u,$$
$$X_v^t = X_v + t\phi_v n + t\phi n_v.$$

따라서 직접적인 계산에 의해

$$E^t = E + 2t\phi\langle X_u, n_u\rangle + t^2\phi^2\langle n_u, n_u\rangle + t^2\phi_u^2,$$
$$F^t = F + t\phi(\langle X_u, n_v\rangle + \langle X_v, n_u\rangle) + t^2\phi^2\langle n_u, n_v\rangle + t^2\phi_u\phi_v,$$
$$G^t = G + 2t\phi\langle X_v, n_v\rangle + t^2\phi^2\langle n_v, n_v\rangle + t^2\phi_v^2.$$

이므로

$$E^tG^t - (F^t)^2 = EG - F^2 + 2t\phi E\langle X_v, n_v\rangle + 2t\phi G\langle X_u, n_v\rangle$$
$$- 2t\phi F\{\langle X_u, n_v\rangle + \langle X_v, n_u\rangle\} + O(t^2)$$

$$= EG - F^2 - 2t\phi(eG - 2fF + gE) + O(t^2)$$
$$= EG - F^2 - 4t\phi H(EG - F^2) + O(t^2)$$
$$= (EG - F^2)(1 - 4t\phi H) + O(t^2).$$

따라서 $\lim_{t\to 0} \frac{O(t^2)}{t} = 0$이기 때문에

$$A(t) = \iint_\Omega \sqrt{E^t G^t - F^{t^2}}\, dudv = \iint_\Omega \sqrt{EG - F^2}\sqrt{1 - 4t\phi H + O(t^2)}\, dudv$$
$$= \iint_\Omega \{\sqrt{EG - F^2}(1 - 2t\phi H) + O(t^2)\}\, dudv$$

이다. □

정리 8.4

좌표조각사상 $X: U \to R^3$와 유계영역 $\Omega \subset U$가 주어질 때, 변분 X^t의 면적 $A(t)$는

$$A'(0) = -2\iint_\Omega \phi H \sqrt{EG - F^2}\, dudv$$

이다. 여기서 H는 X의 평균곡률이다.

증명 정리 8.3으로부터 금방 증명된다. □

정리 8.5

좌표조각사상 $X: U \to R^3$와 유계영역 Ω에 대하여 $X(\Omega)$가 극소곡면일 필요충분조건은 임의의 변분에 대하여 $A'(0) = 0$이다.

증명 ($\Rightarrow$) 정리 8.4로부터 분명하다.

($\Leftarrow$) 만약 $X(\Omega)$가 극소곡면이 아니라고 하자. 즉, $H(q) \neq 0$인 점 $q \in \Omega$가 존재한다. 이때 함수 $\phi: \Omega \to R$를 $\phi(q) = H(q)$이고 q의 근방밖에서는 $\phi \equiv 0$인 것으로 잡으면 정리 8.4로부터 $A'(0) < 0$이다. 따라서 모순이다. 따라서 $X(\Omega)$는 극소곡면이다. □

정의 8.6

좌표조각사상 $X: U \to M$가 다음 조건들

$$\langle X_u, X_u \rangle = \langle X_v, X_v \rangle, \quad \langle X_u, X_v \rangle = 0$$

를 만족할 때 X를 **등온좌표함수**(isothermal coordinate)라 한다.

정리 8.7

좌표조각사상 $X: U \to M$가 등온좌표함수이면

$$X_{uu} + X_{vv} = 2EH\boldsymbol{n} = 2GH\boldsymbol{n}$$

이 성립한다.

증명 X가 등온좌표이니까 $\langle X_u, X_u \rangle = \langle X_v, X_v \rangle$, $\langle X_u, X_v \rangle = 0$이다. 따라서 미분하면

$$\langle X_{uu}, X_u \rangle = \langle X_{vu}, X_v \rangle = \langle X_{vv}, X_v \rangle = -\langle X_{vv}, X_u \rangle.$$

그러므로

$$\langle X_{uu} + X_{vv}, X_u \rangle = 0.$$

같은 방법으로

$$\langle X_{uu} + X_{vv}, X_v \rangle = 0.$$

따라서 $X_{uu} + X_{vv} = \langle X_{uu} + X_{vv}, \boldsymbol{n} \rangle \boldsymbol{n} = (e+g)\boldsymbol{n}$이다. 한편 $F = 0$이니까

$$H = \frac{Eg + Ge}{2EG} = \frac{e+g}{2E} = \frac{e+g}{2G}$$

이다. □

참고 $\Delta = \frac{\partial^2}{\partial u^2} + \frac{\partial^2}{\partial v^2}$을 **라플라시안**(Laplacian), 또는 **라플라스 연산자**(Laplace operator)라 한다.

정의 8.8

미분가능한 함수 $h : U \to R$가

$$\Delta h = 0$$

를 만족할 때, h를 **조화함수**(harmonic function)라 한다.

따름정리 8.9

등온좌표함수 $X : U \to M$가 극소일 필요충분조건은

$$X_{uu} + X_{vv} = 0.$$

즉, $X(u, v) = (x(u, v), y(u, v), z(u, v))$라 할 때, X가 극소곡면일 필요충분조건은 x, y, z가 조화함수이다.

예제 8.10 예제 8.2의 현수면의 좌표함수는 등온좌표함수이다. 더구나

$$\Delta x = x_{uu} + x_{vv} = 0, \quad \Delta y = \Delta z = 0$$

이므로 현수면은 극소곡면이다.

8.2 회전면

R^3상에서 주어진 정칙곡선 $\alpha(u) = (r(u),\ h(u),\ 0)$, $h > 0$를 x축으로 회전한 곡면의 좌표조각사상은

$$X(u,\ v) = (r(u),\ h(u)\cos v,\ h(u)\sin v)$$

이다(정리 5.25). 회전면이 극소곡면이 될 조건을 찾아보자. 미분하면

$$\begin{aligned} X_u &= (r',\ h'\cos v,\ h'\sin v), \\ X_v &= (0,\ -h\sin v,\ h\cos v), \\ X_{uu} &= (r'',\ h''\cos v,\ h''\sin v), \\ X_{uv} &= (0,\ -h'\sin v,\ h'\cos v), \\ X_{vv} &= (0,\ -h\cos v,\ -h\sin v) \end{aligned}$$

이다. 따라서 $X_u \times X_v = (hh',\ -r'h\cos v,\ -r'h\sin v)$이고 또한 $\| X_u \times X_v \| = h\sqrt{h'^2 + r'^2}$이기 때문에

$$n = \frac{1}{\sqrt{h'^2 + r'^2}}(h',\ -r'\cos v,\ -r'\sin v).$$

그러므로

$$E = r'^2 + h'^2,\ \ F = 0,\ \ G = h^2,\ \ e = \frac{h'r'' - r'h''}{\sqrt{h'^2 + r'^2}},\ \ f = 0,\ \ g = \frac{r'h}{\sqrt{h'^2 + r'^2}}.$$

따라서 $H = 0 \Leftrightarrow gE - 2fF + eG = 0$이다. 그러므로 $H = 0$일 필요충분조건은

$$r'(h'^2 + r'^2) + h(h'r'' - r'h'') = 0$$

이다. 그러므로 다음 정리를 얻는다.

정리 8.11

R^3상에서 주어진 정칙곡선 $\alpha(u)=(r(u),\ h(u),\ 0)$, $h>0$를 x축으로 회전한 회전면 $X(u,\ v)=(r(u),\ h(u)\cos v,\ h(u)\sin v)$가 극소곡면일 필요충분조건은

$$r'(h'^2+r'^2)+h(h'r''-r'h'')=0$$

를 만족할 때이다.

예제 8.12 예제 8.2의 현수면은 $r(u)=au$, $h(u)=a\cosh u$인 회전면이다. 따라서 $r'=a$, $r''=0$, $h'=a\sinh u$, $h''=a\cosh u$이다. 따라서

$$r'(h'^2+r'^2)-hr'h''=0$$

이다. 즉, 현수면은 극소곡면이다.

정리 8.13

R^3상에서 회전면 M이 극소곡면이면 M은 평면 또는 현수면이다.

증명 정리 8.11의 미분방정식을 풀어보자. (1) $r'=0$, 즉 $r=$상수일 때는 회전면이 평면이다. (2) $r'\neq 0$일 때, 적당한 변수변환에 의해 $r(u)=u$로 둘 수 있다. 따라서 미분방정식은

$$h'^2+1-hh''=0$$

과 같다. 따라서 $\left(\dfrac{h}{\sqrt{1+h'^2}}\right)'=0 \Leftrightarrow h=a\sqrt{1+h'^2} \Leftrightarrow \left(\dfrac{h}{a}\right)^2-h'^2=1$이고 이것을 풀면 $\dfrac{h}{a}=\cosh\left(\dfrac{u}{a}\right)$, 즉

$$h(u)=a\cosh\left(\frac{u}{a}\right)$$

이다. 따라서 회전면은 현수면이 된다. □

8.3 Gauss-Bonnet 정리

정의 8.14

정칙곡면 M상으로의 연속함수 $\alpha : [a, b] \to M$에 대하여 폐구간 $[a, b]$의 분할

$$a = t_0 < t_1 < \cdots < t_n = b$$

가 존재하여 $\alpha|_{[t_i, t_{i+1}]}(i = 0, \cdots, n-1)$가 정칙곡선일 때 α를 **조각별 정칙곡선**(piecewise regular curve)이라 하고 $\alpha(t_i)(i = 0, 1, \cdots, n)$를 곡선의 **꼭지점**(vertex), $\alpha([t_i, t_{i+1}])$을 곡선의 **변** 또는 **모서리**(edge)라 한다.

참고 조각별 정칙곡선 $\alpha : [a, c] \to M$에 대하여 $b \in [a, c]$가 존재하여 꼭지점 $p = \alpha(b)$일 때 **꼭지점 p에서의 회전각** θ는

$$\theta = \angle(v, w)$$

으로 정의한다. 여기서 $v = \lim_{t \to b-} \alpha'(t)$와 $w = \lim_{t \to b+} \alpha'(t)$이다. 즉,

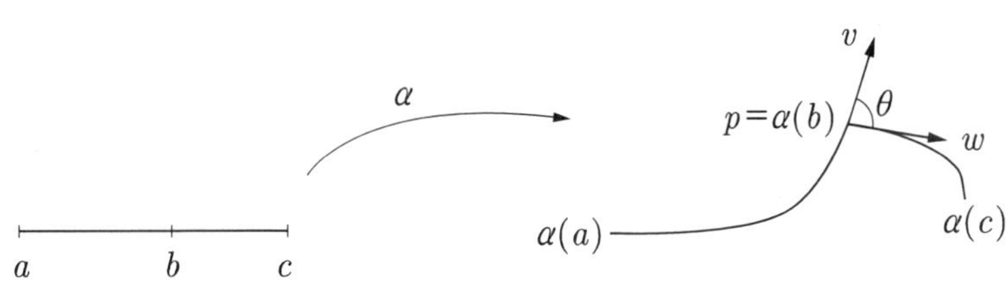

정의 8.15

조각별 정칙곡선 $\alpha : [a, b] \to M$에서 꼭지점 p의 **외각**(exterior angle) ϵ_p는 그 꼭지점에서의 회전각이다. 또 **내각**(interior angle) i_p는 $i_p = \pi - \epsilon_p$이다.

참고 1. 정칙곡면 $X : U \to M$위의 정칙곡선 $\alpha : [a, b] \to X(U)$에 대하여

$$\theta(t) = \angle(\alpha', X_u)$$

라 할 때 $\theta(b) - \theta(a) = \int_a^b \theta'(t)dt$를 **곡선 α의 회전각**이라 한다.

2. 정칙곡면 $X: U \to M$위의 조각별 정칙곡선 $\alpha : [a, b] \to X(U)$에 대하여 곡선 $\alpha_i : [t_{i-1}, t_i] \to X(U)(i=1,\cdots n)$가 $\alpha_i = \alpha|_{[t_{i-1}, t_i]}$라 할 때, 곡선 α_i의 회전각은 $\int_{\alpha_i} \theta_i'(t)dt$이고 따라서 **곡선 α의 회전각**은

$$\sum_{i=1}^{n} \int_{\alpha_i} \theta_i'(t)dt$$

이다.

3. 조각별 단순폐곡선에서 꼭지점의 회전각(즉, 외각)의 합과 곡선의 회전각의 합은 항상 2π이다. 즉, 조각별 단순폐곡선 $\alpha : [a, b] \to M$에 대하여 $\alpha_i : [t_{i-1}, t_i] \to M(i=1, \cdots, n)$가 정칙일 때

$$\sum_{i=1}^{n} \int_{\alpha_i} \theta_i'(t)dt + \sum_{i=1}^{n} \epsilon_i = 2\pi \tag{8.2}$$

이다. 여기서 ϵ_i는 꼭지점 $\alpha(t_i)$에서의 외각이다.

예제 8.16 평면상에서 삼각형의 각변의 회전각은 $0°$이고 각 꼭지점의 외각의 합은 2π이다.

정리 8.17

(Gauss-Bonnet **정리** I)
단순곡면 M상에서 조각별 단순폐곡선 $\alpha : [t_{i-1}, t_i] \to M(i=1, \cdots, n)$에 의해 둘러싸인 영역을 $\Omega \subset M$라 하면

$$\int_{\Omega} KdA + \int_{\alpha} \kappa_g ds + \sum_{i=1}^{n} \epsilon_i = 2\pi$$

이다. 여기서 ϵ_i는 꼭지점 $\alpha(t_i)$의 외각이다.

▎증명 일반성을 잃지 않고 단순곡면 M의 좌표조각사상 $X: U \to M$가 $F = 0$을 만족한다고 하자. 정리 7.56으로부터 임의의 단위속력곡선 α에 대해

$$\int_\alpha \kappa_g ds = \int_\alpha \frac{d\theta}{ds} ds + \int_\alpha \{(\kappa_g)_1 \cos\theta + (\kappa_g)_2 \sin\theta\} ds \tag{8.3}$$

이다. 여기서 $\theta = \angle(\alpha', X_u)$이다. 한편 $\alpha(t) = X(u(t), v(t))$의 속도벡터는 $\alpha'(t) = u' X_u + v' X_v$이고 $F = 0$이기 때문에

$$\cos\theta = u' \sqrt{E}, \quad \sin\theta = v' \sqrt{G}$$

이다. 지금 α를 조각별 단순폐곡선이라 하자. $\partial\Omega = \alpha$이므로 Green 정리에 의해

$$\begin{aligned} &\int_\alpha \left[(\kappa_g)_1 \sqrt{E} \frac{du}{ds} + (\kappa_g)_2 \sqrt{G} \frac{dv}{ds}\right] ds \\ &= \iint_\Omega \frac{1}{\sqrt{EG}} \left[\frac{\partial}{\partial u}\left(\frac{1}{\sqrt{E}} \frac{\partial \sqrt{G}}{\partial u}\right) + \frac{\partial}{\partial v}\left(\frac{1}{\sqrt{G}} \frac{\partial \sqrt{E}}{\partial v}\right)\right] \sqrt{EG}\, dudv \end{aligned} \tag{8.4}$$

가 성립한다. 한편 Gauss 곡률 K는 연습문제 7.12에 의해

$$K = \frac{-1}{\sqrt{EG}} \left[\frac{\partial}{\partial u}\left(\frac{1}{\sqrt{E}} \frac{\partial \sqrt{G}}{\partial u}\right) + \frac{\partial}{\partial v}\left(\frac{1}{\sqrt{G}} \frac{\partial \sqrt{E}}{\partial v}\right)\right] \tag{8.5}$$

이고 $dA = \sqrt{EG - F^2}\, dudv = \sqrt{EG}\, dudv$이므로 (8.3)~(8.5)로부터

$$\int_\alpha \kappa_g ds = \int_\alpha \theta'(s) ds - \iint_\Omega K dA.$$

한편 $\alpha_i = \alpha|_{[t_{i-1},\, t_i]}$이기 때문에 $\int_\alpha \theta'(s) ds = \sum_{i=1}^n \int_{\alpha_i} \theta_i'(s) ds$이다. 따라서 (8.2)로부터 Gauss-Bonnet 정리가 증명된다. □

▎참고 곡면상에서 세 꼭지점이 정칙곡선으로 연결된 곡선을 **삼각형**이라 하고, 특히 꼭지점을 연결한 곡선이 측지선일 때, **측지삼각형**이라 한다.

정리 8.18

정칙곡면 M상에서 측지삼각형 $\triangle ABC$의 세 내각의 합은

$$\angle A + \angle B + \angle C = \pi + \iint_{\triangle} K\, dA.$$

이다. 여기서 K는 Gauss 곡률이다.

증명 정칙곡면 M상에서의 꼭지점이 A, B, C인 측지삼각형을 $\triangle ABC$라 할 때, $\kappa_g = 0$이고 $\epsilon_A = \pi - \angle A$, $\epsilon_B = \pi - \angle B$, $\epsilon_C = \pi - \angle C$이기 때문에 정리 8.17로부터 증명된다. □

예제 8.19 R^2상의 삼각형, 즉 유클리드 삼각형 $\triangle ABC$의 세 내각의 합은

$$\angle A + \angle B + \angle C = \pi$$

이다. 왜냐하면 평면상에서 직선은 측지선이고 $K = 0$이므로 정리 8.18로부터 알 수 있다.

정의 8.20

정칙곡면 M상에서 삼각형들의 집합 $\Gamma = \{\Delta_j \subset M \mid j = 1, \cdots, m\}$가 두 조건 "(i) $M = \cup_j \Delta_j$, (ii) $\Delta_{ij} \equiv \Delta_i \cap \Delta_j \neq \varnothing$이면 Δ_{ij}는 두 삼각형의 변 또는 꼭지점"를 만족할 때, Γ를 M의 **삼각분할**(triangulation)이라 한다.

정의 8.21

M을 폐곡면이라 하고 Γ를 M의 삼각분할이라 할 때,

$v = \Gamma$의 꼭지점의 개수, $e = \Gamma$의 변의 개수, $f = \Gamma$의 면의 개수

라 하자. 이때

$$\chi(M) = v - e + f$$

를 곡면 M의 **오일러표수**(Euler characteristic)이라 한다.

예제 8.22 구면 S^2의 오일러표수는 $\chi(S^2)=2$이다.

정의 8.23

곡면 M상의 모든 점에서 연속인 법벡터장 n이 존재할 때, M을 **가향곡면**(orientable surface)이라 한다.

예제 8.24 구면, 원환면은 가향곡면이고 뫼비우스 띠(Möbius band)나 클라인 병(Klein bottle)은 가향곡면이 아니다([3]).

예제 8.25 정칙인 등위곡면 $M_c=\{(x,\ y,\ z)\in R^3\,|\,g(x,\ y,\ z)=c\}$는 항상 가향곡면이다. 왜냐하면 $n(p)=\dfrac{\nabla g(p)}{\|\nabla g(p)\|}$는 연속함수이다(정리 5.20).

정리 8.26

(1) M이 가향폐곡면이면 항상 삼각분할가능하다.

(2) 폐곡면에서 오일러표수 $\chi(M)$은 삼각분할에 독립이다.

(3) 두 곡면이 위상동형(homeomorphic)이면 오일러표수는 같다.

정리 8.27

(Gauss-Bonnet **정리** II)

M이 가향폐곡면이면

$$\iint_M K\,dA=2\pi\chi(M)$$

이 성립한다.

▌증명 가향폐곡면 M의 삼각분할을 $\Gamma=\{\Delta_i\,|\,i=1,\ \cdots,\ n\}$라 하자. 그러면 Gauss-Bonnet 정리 I (정리 8.17)에 의해 임의의 삼각형 Δ_i상에서

$$\iint_{\Delta_i} KdA + \int_{\partial\Delta_i} \kappa_g ds + \sum_{j=1}^{3} \epsilon_{ij} = 2\pi$$

가 성립한다. 여기서 ϵ_{ij}는 삼각형 Δ_i의 외각이다. 따라서 각각을 합을 하면

$$\iint_M KdA + \sum_{i=1}^{n} \int_{\partial\Delta_i} \kappa_g ds + \sum_{i=1}^{n} \sum_{j=1}^{3} \epsilon_{ij} = 2\pi n \tag{8.3}$$

이다. 더구나 각 꼭지점에서 내각과 외각의 합이 π, 즉 $\epsilon_j + \iota_j = \pi$이므로 삼각형 Δ_i에서

$$\sum_{j=1}^{3} \epsilon_{ij} = 3\pi - \sum_{j=1}^{3} \iota_{ij}$$

이다. 따라서 꼭지점의 개수를 v라고 하면 각 꼭지점에서의 내각의 합은 2π이고 $\sum_{i=1}^{n} \sum_{j=1}^{3} \iota_{ij}$는 전체 내각의 합이므로

$$\sum_{i=1}^{n} \sum_{j=1}^{3} \epsilon_{ij} = 3n\pi - \sum_{i=1}^{n} \sum_{j=1}^{3} \iota_{ij} = 3n\pi - 2\pi v$$

이다. 한편 삼각형분할에서 면의 수를 f, 모서리의 수를 e라 하면 $3f = 2e$이다. 왜냐하면 한 면이 3개의 꼭지점을 가지고 있고 한 모서리는 두 개의 꼭지점을 가지기 때문이다. 따라서 면의 수는 $f = n$이므로 (8.3)식에 대입하면

$$\iint_M KdA + \sum_{i=1}^{n} \int_{\partial\Delta_i} \kappa_g ds = -f\pi + 2\pi v = 2\pi(f-e) + 2\pi v = 2\pi\chi(M)$$

이다. 한편 모든 삼각형에서 모든 모서리의 전측지곡률은 $\int_C \kappa_g ds$와 $\int_{-C} \kappa_g ds$를 포함하고 있으므로 $\sum_{i=1}^{n} \int_{\partial\Delta_i} \kappa_g ds = 0$이다. 따라서

$$\iint_M KdA = 2\pi\chi(M)$$

이 성립한다. □

제8장 연습문제

01 접곡면, 일반원기둥면, 일반원뿔의 Gauss 곡률은 0이다. 즉, 평탄면이다.

02 (Enneper's surface) 다음 좌표조각사상이 극소곡면임을 보여라.

$$X(u,\ v) = \left(u - \frac{u^3}{3} + uv^2,\ v - \frac{v^3}{3} + vu^2,\ u^2 - v^2\right).$$

03 등온좌표함수 X, Y가 다음 조건

$$X_u = Y_v, \quad X_v = -Y_u \quad \text{(Cauchy-Riemann equation)}$$

만족할 때, X, Y는 **공액극소곡면**(conjugate minimal surface)라 한다.

(i) 공액극소곡면 X, Y가 주어질 때, $Z = \cos tX + \sin tY\ (t \in R)$도 극소곡면임을 증명하여라.

(ii) 나선면(helicoid)과 현수면(catenoid)은 공액극소곡면임을 증명하여라.

04 반지름이 r인 구면 $S^2(r)$상의 측지삼각형 $\triangle ABC$의 세 내각의 합은

$$\angle A + \angle B + \angle C = \pi + \frac{A(\triangle)}{r^2}$$

임을 증명하여라. 여기서 $A(\triangle)$는 삼각형의 면적이다.

05 원환면(torus)의 오일러표수를 구하여라. (Gauss-Bonnet 정리를 이용하여라.)

참고문헌

[1] M. Do Carmo, Differential Geometry of Curves and Surfaces, Prentice-Hall, 1976

[2] A. Gray, Modern Differential Geometry of Curves and Surfaces with Mathematica, CRC Press, 1998

[3] R. Millman and G. Parker, Elements of Differential Geometry, Prentice Hall, 1997

[4] 윤갑진, 미분기하학, 경문사, 2008

[5] 박진석, 표용수, 김향숙, 미분기하학개론, 경문사, 2010

찾아보기

정승달
제주대학교 수학과 교수

곡선과 곡면의
미분기하학

지은이 정승달
펴낸이 박문규
펴낸곳 경문사
펴낸날 2014년 3월 5일 1판 1쇄
2017년 11월 1일 1판 2쇄
등 록 1979년 11월 9일 제 313-1979-23호
주 소 04057, 서울특별시 마포구 와우산로 174
전 화 (02)332-2004 팩스 (02)336-5193
이메일 kyungmoon@kyungmoon.com
facebook facebook.com/kyungmoonsa

값 12,000원

ISBN 978-89-6105-786-8